Light Engineering für die Praxis

Reihe herausgegeben von

Claus Emmelmann, Hamburg, Deutschland

Technologie- und Wissenstransfer für die photonische Industrie ist der Inhalt dieser Buchreihe. Der Herausgeber leitet das Institut für Laser- und Anlagensystemtechnik an der Technischen Universität Hamburg sowie die Fraunhofer-Einrichtung für Additive Produktionstechnologien IAPT. Die Inhalte eröffnen den Lesern in der Forschung und in Unternehmen die Möglichkeit, innovative Produkte und Prozesse zu erkennen und so ihre Wettbewerbsfähigkeit nachhaltig zu stärken. Die Kenntnisse dienen der Weiterbildung von Ingenieuren und Multiplikatoren für die Produktentwicklung sowie die Produktions- und Lasertechnik, sie beinhalten die Entwicklung lasergestützter Produktionstechnologien und der Qualitätssicherung von Laserprozessen und Anlagen sowie Anleitungen für Beratungs- und Ausbildungsdienstleistungen für die Industrie.

Weitere Bände in der Reihe http://www.springer.com/series/13397

Fritz Lange

Prozessgerechte Topologieoptimierung für die Additive Fertigung

 Springer Vieweg

Fritz Lange
Institut für Laser- und Anlagensystemtechnik (iLAS)
Technische Universität Hamburg
Hamburg, Deutschland

ISSN 2522-8447   ISSN 2522-8455   (electronic)
Light Engineering für die Praxis
ISBN 978-3-662-63132-4   ISBN 978-3-662-63133-1   (eBook)
https://doi.org/10.1007/978-3-662-63133-1

Die Deutsche Nationalbibliothek verzeichnet diese Publikation in der Deutschen Nationalbibliografie; detaillierte bibliografische Daten sind im Internet über http://dnb.d-nb.de abrufbar.

Planung/Lektorat: Alexander Gruen
Springer Vieweg ist ein Imprint der eingetragenen Gesellschaft Springer-Verlag GmbH, DE und ist ein Teil von Springer Nature.
Die Anschrift der Gesellschaft ist: Heidelberger Platz 3, 14197 Berlin, Germany

Vorwort

Die vorliegende Arbeit entstand begleitend zu meiner Tätigkeit als wissenschaftlicher Mitarbeiter an der Fraunhofer-Einrichtung für Additive Produktionstechnologien IAPT, welche 2018 durch die Eingliederung der Laser Zentrum Nord GmbH LZN in die Fraunhofer Gesellschaft entstand. Das Fraunhofer IAPT hat sich den Technologietransfer der Additiven Fertigung in die industrielle Anwendung als höchstes Ziel gesetzt. Zu diesem Ziel leistet die vorliegende Arbeit auf dem Gebiet der Automatisierung der Konstruktion von belastungsspezifisch optimierten Bauteilen für die Additive Fertigung einen Beitrag.

Meinem Doktorvater Prof. Dr.-Ing. Claus Emmelmann, dem Leiter des Instituts für Laser- und Anlagensystemtechnik (iLAS) sowie ehemals Leiter des Fraunhofer IAPT, möchte ich für die Möglichkeit danken, dieses Promotionsthema zu bearbeiten. Neben dem Thema der Doktorarbeit hat Prof. Emmelmann die Forschungsumgebung und meine derzeitige Stelle geschaffen, welche diese Arbeit erst möglich machten. Des Weiteren gab er mir den Freiraum mich während meiner Tätigkeiten sowohl fachlich als auch organisatorisch weiterzuentwickeln. Zudem möchte ich mich bei Prof. Dr. Benedikt Kriegesmann aus dem Bereich Strukturoptimierung im Leichtbau für die Übernahme der Position des Zweitgutachters sowie die konstruktive Kritik zur Verbesserung der Arbeit bedanken. Außerdem bedanke ich mich bei Prof. Dr.-Ing. Wolfgang Hintze vom Institut für Produktionsmanagement und -technik (IPMT) für die Leitung des Prüfungsausschusses.

Meinem Kollegen Herrn Arnd Struve gilt mein Dank für den intensiven Gedankenaustausch, sowie die vielfältigen Diskussionen im Laufe der Anfertigung dieser Arbeit. Seine konstruktive Kritik sowie das Aufzeigen alternativer Denkansätze lieferten einen wertvollen Beitrag. Bei meinem Kollegen Ruben Meuth möchte ich mich insbesondere für die umfassende Unterstützung in der letzten Phase der Anfertigung dieser Arbeit bedanken. Allen weiteren Kolleginnen und Kollegen des Fraunhofer IAPT danke ich für die kollegiale Zusammenarbeit und die vielfältige Unterstützung in den vergangenen Jahren. Meinem studentischen Hilfswissenschaftler Jafar AlRashdan möchte ich ebenfalls für die gute Zusammen- und Zuarbeit danken.

Ein besonderer Dank gilt meiner Frau Franziska, die mich während meiner gesamten akademischen Laufbahn intensiv unterstützte. Zudem gibt sie mir privaten Rückhalt in jeder Lebensphase und den notwendigen Freiraum, welche diese Arbeit erst möglich machten. Weiterhin unterstützten mich im familiären Umfeld insbesondere mein Bruder Karl Lange und mein Schwager Florian Wolff, denen ich hiermit ebenfalls danken möchte.

Hamburg,
April 2021

Fritz Lange

Kurzfassung

Topologieoptimierungen ermöglichen die funktionsgerechte Gestaltung von Hochleistungskomponenten. Für den Konstrukteur entfällt die Notwendigkeit, eine gegebenenfalls unvollkommene Funktionslösung selber zu entwickeln und zu optimieren. Die Topologieoptimierung erlaubt, durch die Definition eines Konstruktionsvolumens (engl. *Design Space*), der notwendigen Randbedingungen sowie der Zielfunktionen, ein funktionsoptimales Bauteil für gegebene Anforderungen zu berechnen. Dabei handelt es sich um komplexe und nicht intuitive Konstruktionen mit bionischer Anmutung. Diese komplexen Bauteile lassen sich mittels konventionellen Fertigungsverfahren nur schwer oder gar nicht realisieren. Die Additive Fertigung (engl. *Additive Manufacturing* (AM)) hingegen zeichnet sich durch einen großen Gestaltungsfreiraum bei der konstruktiven Auslegung von Bauteilen aus und eignet sich daher besonders gut für die Herstellung solch komplexer Komponenten.

Es ist jedoch zu berücksichtigen, dass auch die Additive Fertigung einige prozessbedingte Restriktionen mit sich bringt. Diese umfassen beispielsweise die Auslegung von überhängenden Strukturen, minimal realisierbare Längenskalen bezüglich Wandstärken und Spaltmaßen sowie die Formgestaltung von Kavitäten. Werden diese nicht bereits in der Topologieoptimierung berücksichtigt, entsteht ein immenser zeitlicher Aufwand in der Rekonstruktion (engl. *Redesign*) der optimierten Struktur, um eine fertigungsgerechte Komponente zu erhalten. Zudem ist entsprechendes Expertenwissen notwendig, um Bauteile AM-gerecht zu konstruieren. Die Integration der Fertigungsrestriktionen der Additiven Fertigung in Topologieoptimierungen stellt daher einen entscheidenden Hebel dar, um die Wirtschaftlichkeit des Konstruktionsprozesses zu erhöhen.

Ziel dieser Arbeit ist es daher, die Restriktionen der Additiven Fertigung in gemeingültigen Formulierungen in Topologieoptimierungen zu integrieren und deren Anwendbarkeit zu validieren. Es werden insbesondere die Themengebiete der Stoffschlüssigkeit und der Vermeidung von geschlossenen Kavitäten in Wärmeleitungsoptimierungen sowie die Vermeidung von nicht selbststützenden Kanälen in Strömungsoptimierungen erforscht. Hinzu kommt die Entwicklung einer Methodik der Ergebnisverwertung, um die bestmögliche Abstraktion der Simulationsergebnisse zu funktionalen Bauteilen sicherzustellen. Dabei handelt es sich um notwendige Entwicklungen, um die Prozesskette - von der Topologieoptimierung über die Konstruktion bis hin zur Additiven Fertigung - zu schließen. Auf diese Weise wird die Verbindung zwischen Topologieoptimierung und Additiver Fertigung hergestellt, was die Erschließung von neuen profitablen Anwendungen für die Additive Fertigung ermöglicht. Des Weiteren werden anhand eines Anwendungsbeispiels die oben genannten Ansätze und Methodiken verifiziert, indem die Wirtschaftlichkeit von topologieoptimierten und prozessgerecht topologieoptimierten additiven Bauteilen validiert wird, um die Potenziale der Entwicklungen zu erschließen.

Abstract

Topology optimizations enable the functional design of high-performance components. The engineer no longer needs to develop and optimize a possibly imperfect functional solution himself. The topology optimization allows to calculate a functionally optimal component for given requirements by defining a design space, the necessary boundary conditions and the objective functions. The designs are complex and non-intuitive with a bionic appearance. These complex components are difficult or impossible to realize by conventional manufacturing methods. Additive manufacturing, on the other hand, is characterized by a large degree of design freedom and is therefore ideally suited for the production of such complex components.

However, it must be taken into account that additive manufacturing also involves some process-related restrictions. These include, for example, the constructive design of overhanging structures, minimum realizable length scales with regard to wall thicknesses and gap dimensions, as well as the design of cavities. If these are not already considered in the topology optimization, an immense effort is required in the redesign of the optimized structure to obtain a component suitable for production. Furthermore, spezific know how is needed to ensure an AM feasable product design. The integration of the manufacturing restrictions of additive manufacturing in topology optimizations therefore represents a major factor in increasing the efficiency of the design process.

The aim of this thesis is therefore to integrate the restrictions of additive manufacturing in general valid formulations into topology optimizations and to validate their applicability. In particular, the topics of connectivity and the avoidance of closed cavities in heat conduction optimizations as well as the avoidance of non-self-supporting channels in flow optimizations are investigated. In addition, the development of a methodology for the utilization of results is necessary to ensure the best possible abstraction of simulation results to functional components. These are necessary developments to close the process chain, from topology optimization to construction and additive manufacturing. In this way, the connection between topology optimization and additive manufacturing is established, which enables the development of new profitable applications for additive manufacturing. Furthermore, the above mentioned approaches and methodologies will be verified by means of an application example. The economic efficiency of topology-optimized and process-oriented topology-optimized additive components will be validated in order to open up the potentials of the developments.

Inhaltsverzeichnis

Abbildungsverzeichnis

Tabellenverzeichnis

Algorithmenverzeichnis

Acronyms

Lateinische Symbole

A	m^2	Fläche des Designspace
A_0	m^2	initiale Fläche des Designspace
b	$N\,m$	Grenze der *local gradient constraint*
b_n	m	Breite des Werkzeugeinsatzes
c	$N\,m$	Nachgiebigkeit
c^*	€kg^{-1}	Nachgiebigkeit
c_A	€h^{-1}	Stundensatz der Arbeitskraft
c_{ex}	€kg^{-1}	Kosten der Belichtung pro Masseneinheit
c_M	€h^{-1}	Maschinenstundensatz
c_{Mat}	€kg^{-1}	Materialkosten
c_{topo}	€h^{-1}	Kosten der Topologieoptimierung
c_0	$N\,m$	initiale Nachgiebigkeit
d	m	Wandstärke
D	$-$	Zielfunktion ohne Bedingung
D_n	$-$	Zielfunktion nach *Penalty Methode*
$D_{n,\lambda}$	$-$	Zielfunktion nach Augmented Lagrangian Methode
e	$-$	Losgröße
e_M	$kg\,s^{-1}$	Massenaufbaurate
e_V	$m^3\,s^{-1}$	Volumenaufbaurate
E	$kg\,m^{-1}\,s^{-2}$	Elastizitätsmodul
$Emin$	$kg\,m^{-1}\,s^{-2}$	minimaler Elastizitätsmodul
f	$-$	generelle Zielfunktion
F	$N\,m^{-3}$	Quellterm
$\mathbf{F}$	N	Kraftvektor
g	$-$	Beschränkungsfunktion
G	m^2	Zielfunktion der *Grayness constraint*
h_{scan}	m	Schichtstärke
h_0	m	Größe der Details
h_{max}	m	Maximale Elementgröße

h_{scan}	m	Hatchabstand
k	$W\,m^{-1}\,K^{-1}$	Wärmeleitfähigkeit
k_{min}	$W\,m^{-1}\,K^{-1}$	minimale Wärmeleitfähigkeit
k_s	$W\,m^{-1}\,K^{-1}$	Wärmeleitfähigkeit des Festkörpers
k_{SIMP}	$W\,m^{-1}\,K^{-1}$	modifizierte Wärmeleitfähigkeit
$\mathbf{K}$	$N\,m^{-1}$	globale Steifigkeitsmatrix
L	m	Radius des Scan-Kreises
L_n	–	normierte Entfernung zu Randknoten
$L_{shortest}$	m	Entfernung zu benachbarten Randknoten
$\mathcal{L}$	–	Erweiterte Zielfunktion
m	kg	Masse
m	kg	Originale Masse
m	kg	Optimierte Masse
M	–	Grenze der *global gradient constraint*
n	–	*Penalty* Faktor
p	$kg\,m^{-1}\,s^{-2}$	Druck
p	–	p-Norm Faktor
p_1	$W\,K\,m^{-1}$	Zielfunktion Maximierung der Wärmeleitfähigkeit
p_2	–	Zielfunktion Totale Variation der Design Variable
p_L	–	*Penalty* Faktor der Längenskalenkontrolle
P	–	Perimeter
P_{max}	–	Perimeter Obergrenze
q	–	Gewichtungsfaktor
q_Q	–	Verhältnis Wärmezu- und -abfuhr
Q	W	Wärmequelle
$\dot{Q}$	$W\,m^{-2}$	Wärmestrom
Q_{hp}	W	Wärmezufuhr Heat Pipes
Q_{in}	W	Wärmezufuhr
Q_{out}	W	Wärmeabfuhr
$\dot{Q}_V$	W	Wärmestrom der Heizkartusche
r_{min}	m	Radius der Basis
R_{HK}	Ω	Widerstand der Heizkartusche
R_{th}	$K\,W^{-1}$	Thermischer Widerstand
R_{th}^*	$K\,kg\,W^{-1}$	Massenbezogener thermischer Widerstand
S_e	–	Stützregion des Elements
t	s	Zeitvariable
t_{des}	s	Zeitaufwand zum Re-Design
t_{dat}	s	Zeitaufwand für die Datenvorbereitung
t_{topo}	s	Zeitaufwand zur Durchführung der Topologieoptimierung
t_s	m	Schichtstärke
T	K	Temperatur
T_{av}	K	Durchschnittstemperatur in der Berechnungsdomäne
$\bar{T}$	K	konstanter Temperaturwert
$\bar{T}_{max}$	K	Maximaltemperatur in der Berechnungsdomäne
$\bar{T}_{amb}$	K	Umgebungstemperatur

u	m s^{-1}	x-Komponente des Geschwindigkeitsvektors
$\mathbf{u}$	m	Verschiebungsvektor
U	W	Spannung der Spannungsquelle
$\mathbf{u}_0$	m	initialer Verschiebungsvektor
v	m s^{-1}	y-Komponente des Geschwindigkeitsvektors
$\mathbf{v}$	m s^{-1}	Geschwindigkeitsvektor
v_L	–	Bestrafungsfunktion der Längenskalenkontrolle
$\mathbf{v}_\mathrm{max}$	m s^{-1}	Maximalgeschwindigkeit
V_min	–	minimales Verhältnis für Wirtschaftlichkeit
v_scan	m s^{-1}	Scangeschwindigkeit
w	–	Gewichtungsfaktor
W_S	kg m^2 s^{-2}	Formänderungsenergie
W_S0	kg m^2 s^{-2}	initiale Formänderungsenergie
x	m	Ortsvariable

Griechische Symbole

α	kg m^{-1} s^{-1}	Inverse der lokalen Permeabilität
β	–	Überhangwinkel
β_krit	–	kritischer Überhangwinkel
γ	–	Volumen-, bzw. Flächenanteil
$\Gamma(x, \Phi)$	–	Geschwindigkeitsvektor der Level-Set-Oberfläche
Δp	Pa	Druckverlust
Δ	–	Laplace-Operator
ζ_j	–	Design Variable
η	kg m^{-1} s^{-1}	dynamische Viskosität
λ	–	Lagrange Multiplikator
μ	–	gewichteter Mittelwert
ξ_1	m^2	Zielfunktion der Formänderungsenergie
ξ_2	m^2	Perimeter Constraint
ρ	kg m^{-3}	Dichte
ρ_bp	–	*Blueprint*-Design Variable
ρ_des	–	Design Variable
$\rho_\mathrm{des, e}$	–	Elementen Design Variable der nächsten Schicht
ρ_e	–	Elementen Design Variable
ρ_n	–	Knoten Design Variable
ϕ	–	Hilfsvariable
ϕ	m^{-1}	Geschwindigkeitsgradient in Normalenrichtung
$\phi_\mathrm{i, init}$	m^{-1}	Anfangswert des Geschwindigkeitsgradienten in Normalenrichtung
Φ	kg m s^{-3}	Hydraulische Verlustleistung
$\Phi(x, t), \Phi(x)$	–	Level-Set-Variable
ψ	–	lokale Design Variable
Ψ	–	Zielfunktion der Wärmeleitungsoptimierung

Ψ_{tc}	$\mathrm{W\,K\,m^{-1}}$	Zielfunktion der Wärmeleitungsoptimierung: Thermische Belastbarkeit
Ψ_{mt}	K	Zielfunktion der Wärmeleitungsoptimierung: Durchschnittstemperatur
Ψ_{pn}	K	Zielfunktion der Wärmeleitungsoptimierung: p-Norm
Ψ_{tv}	$\mathrm{K^2}$	Zielfunktion der Wärmeleitungsoptimierung: Temperaturvarianz
Ψ_1	$\mathrm{W\,m^{-1}\,K^{-1}}$	Teil der Zielfunktion der Wärmeleitungsoptimierung
Ψ_2	$-$	Teil der Zielfunktion der Wärmeleitungsoptimierung
ω	$-$	Gewichtungsfunktion
Ω	$\mathrm{m^2}$	Design Domäne
Ω_ω^e	$\mathrm{m^2}$	Projektionsdomäne

Abkürzungen

AM	Additive Manufacturing
BESO	Bi-directional Evolutionary Structural Optimization
CAD	Computer Aided Design
CAE	Computer Aided Engineering
DVL	Disconnected Voids Labeling
DfAM	Design for Additive Manufacturing
ESO	Evolutionary Structural Optimization
FDM	Finite Differenzen Methode
FEM	Finite Elemente Methode
FVM	Finite Volumen Methode
EBM	Elektronenstrahlschmelzen
HPM	Heaviside Projection Method
LBM	Selektives Laserstrahlschmelzen
ML	Machine Learning
MMA	Method of Moving Asymptotes
ModSIMP	Modified Solid Isotropic Material with Penalization
MOLE	Monotonicity Based Minimum Length Scale
PUP	Projected Undercut Perimeter Constraint
RAMP	Rational Approximation of Material Properties
SHS	Selektives Wärmesintern
SIMP	Solid Isotropic Material with Penalization
SLS	Selektives Lasersintern
VTM	Virtual Temperature Method
2D	Zweidimensional
3D	Dreidimensional

Variablen

connectivity	Nachbarschaftsvektor
current_label	aktuelles Label
equals	Liste äquivalenter Label

L	Scan-Kreis Radius
L_n	normierte Entfernung
label	Label-Feld des Rechengebiets
minL	Vektor der Bestrafungsfunktion
neighbors	benachbarte Knoten
n_L	*Penalty* Faktor
nn	Anzahl der Knoten
node	Knoten des Rechengebiets
nodes	alle Knoten des Rechengebiets
perimeter	Randknoten der Struktur
rho_nodal	Designdichtefeld der Knoten
rho_bi	diskretisiertes Dichtefeld
rho_threshold	*threshold* Dichte

Kapitel 1
Einleitung und Motivation

Programme wie Flightpath 2050 [3] definieren ambitionierte Ziele im Bereich der Luftfahrt, wie eine Reduktion von 75% der CO_2 Emissionen pro Passagierkilometer und eine 90%-ige Senkung der NOx Emissionen. Ebenso sorgen vermehrte gesetzliche Regulierungen als Folge des Pariser Klimaabkommens [4] zur Verbesserung der Energieeffizienz und Reduktion von Schadstoffausstößen für ein stetig wachsendes Interesse an neuen konstruktiven Ansätzen für Leichtbauanwendungen, zur Einsparung von Bauraum oder Komponenten zur Funktionsintegration. AIRBUS kalkuliert für eine A320 eine jährliche Kerosineinsparung von 1970 Liter pro 10 kg Gewichtseinsparung [5]. Dies stellt Ingenieure vor stetig steigende Konstruktionsanforderungen, welche sich nur mit numerischen Optimierungen von Bauteilen oder -gruppen erreichen lassen [6, 7].

Ein Werkzeug zur Maximierung des Nutzens von Funktionskomponenten stellt die Topologieoptimierung dar, deren Ansatz bereits 1988 durch die grundlegende Forschung von BONDSØE und KIKUCHI [8] entwickelt wurde. Diese Methode ermöglicht es dem Ingenieur ein konstruktives Problem allein in Abhängigkeit der erwünschten Funktionalität zu definieren, ohne dass die vorherige Kenntnis einer typischen Lösung notwendig ist. Bei Leichtbauanwendungen wird dabei auf topologische Steifigkeitsoptimierungen bei gleichzeitiger Minimierung des Gewichtes zurückgegriffen.

Bei diesen Verfahren wird Material lediglich an den Stellen platziert, wo es für einen spezifischen Belastungsfall benötigt wird - die Funktion der Komponente bestimmt ihre Form. Dadurch entstehen häufig organisch anmutende Geometrien, welche kaum Ähnlichkeit mit traditionellen Konstruktionen aufweisen. Das kritische bei diesem Ansatz ist die Erzeugung tatsächlich herstellbarer Formen, wobei die resultierenden Geometrien nicht alleine durch die physikalisch korrekte Berechnung des mathematischen Optimums bestimmt werden, sondern zusätzlich glatt, verbunden und direkt herstellbar sind. [9]

1.1 Motivation

Aufgrund der komplizierten oder undurchführbaren Herstellung dieser unkonventionellen Konstruktionen, handelte es sich bei der Topologieoptimierung lange Zeit um einen vorrangig akademischen Ansatz zur Optimierung von Komponenten. Additive Fertigungstechnologien eröffnen jedoch den Zugang zu einem weitaus größeren Gestaltungsfreiraum als herkömmliche Fertigungsverfahren [10]. Bei dieser Fertigungstechnik werden Bauteile Schicht für Schicht additiv aus Werkstoffen aufgebaut, welche zunächst meist formlos als Pulver, Flüssigkeit oder Filament vorliegen. Der Werkstoff wird schichtweise aufgetragen und selektiv ausgehärtet, wobei ein direkter Aufbau aus Konstruktionsdaten möglich ist. Dabei werden die durch Werkzeugführung und -form vorgegebenen Einschränkungen herkömmlicher substraktiver Fertigungsverfahren (z.B. Fräsen), wie beispielsweise die bedingte Realisierbarkeit von Hinterschneidungen, Kavitäten oder filigraner Freiformflächen, aufgehoben. Im Bereich der substraktiven Fertigung beginnt die Herstellung eines Produktes bei einem Materialblock, welcher sukzessiv zur gewünschten Form bearbeitet wird. Für Leichtbaukomponenten, wie sie etwa in der Luftfahrtindustrie eingesetzt werden, bedeutet dies ein Spanvolumen von etwa 90%, mit hohen *buy-to-fly* Raten von typischerweise 10:1 [11]. Der besondere Vorteil der Additiven Fertigung (engl. *Additive Manufacturing (*AM*))* ist die Möglichkeit der endkonturnahen (*near net-shaped*) Fertigung mit nahezu 1:1 *buy-to-fly* Raten und Abfallraten von weniger als 20% [12,13]. Das Potential der Additiven Fertigung wird jedoch erst dann vollständig ausgeschöpft, wenn fundamental unterschiedliche Konstruktionsparadigmen wie die Topologieoptimierung zur Anwendung kommen [14,15]. Die Vereinigung der beiden Konzepte Additive Fertigung und Topologieoptimierung hat ein enormes Potential, wobei jedoch die Lücken zwischen Konstruktion und Fertigung sowie Forschung und Industrie noch geschlossen werden müssen [16].

Wenngleich die Additive Fertigung weit mehr Gestaltungsfreiraum bei der Konstruktion ermöglicht, sind prozessabhängige Einschränkungen zu berücksichtigen. Beispielsweise wird beim Selektiven Laserschmelzen (engl. *Laser Beam Melting* (LBM)) die minimal druckbare Wandstärke zum einen durch die Größe des Laserstrahlfokusdurchmessers, zum anderen durch die Materialeigenschaften der Komponente festgelegt. In Aufbaurichtung des Bauteils ergeben sich minimal druckbare Überhangwinkel, welche aus dem schichtweisen Aufbau und der notwendigen Ausnutzung der Tragfähigkeit darunter liegender Schichten resultieren. Überschreiten senkrecht zur Aufbaurichtung liegende Bohrungen oder Kanäle vorgegebene Maximaldurchmesser, so werden interne Stützstrukturen (engl. *Supports*) benötigt. Geschlossene oder schlecht zugängliche Kavitäten sind zu vermeiden, da eine nachträgliche Pulverentfernung sichergestellt werden muss. Werden diese und weitere Restriktionen erst nach der eigentlichen Optimierung berücksichtigt, so kommt es zu einem deutlich erhöhten manuellen Aufwand, zum Einen in der konstruktiven Vorbereitung der *Computer Aided Design (*CAD*)*-Daten, zum Anderen in der Nachbearbeitung der gefertigten Bauteile.

Eine direkte Implementierung der Fertigungsrestriktionen in die Algorithmen der Optimierung stellt dabei eine Möglichkeit dar, diesen Aufwand deutlich zu reduzieren. Diese Restriktionen sind sowohl prozess- als auch materialabhängig, sodass eine möglichst allgemeine und anpassbare Formulierung der beschreibenden Gleichungen erstrebenswert ist. Für einige spezifische Restriktionen existieren bereits solche allgemeingültigen, teilweise auch problem- und netzunabhängigen Lösungen. So wurde erfolgreich die Einhaltung minimaler Wandstärken in Steifigkeitsoptimierungen implementiert, siehe beispielsweise die Arbeiten von SIGMUND et al., POULSEN und GUEST et al. [17–19]; für die Beschränkung des maximalen Überhangwinkels existieren verschiedene Ansätze, wie sie beispielsweise von BRACKETT et al., GAYNOR et al. oder VAN DE VEN et al. [20–22] beschrieben werden. Ebenso wurden bereits Ansätze zur Vermeidung von Pulvereinschlüssen durch Kavitäten, z.B. mithilfe der *Virtual Temperature Method (*VTM*)* vorgestellt, siehe LIU et al. [23]. Diese Ansätze sind jedoch nicht ohne Weiteres auf beliebige Problemstellungen übertragbar. So lässt sich etwa die VTM nicht problemlos auf Wärmeleitungsoptimierungen übertragen.

Wie bereits ZHOU *et al.* [24] am Beispiel der Topologieoptimierung für Gussteile demonstrierten, liefert eine Optimierung unter Berücksichtigung von Fertigungsrestriktionen Lösungen, welche sich nicht intuitiv vom Ergebnis der Topologieoptimierung ohne Restriktionen ableiten lassen. Es besteht daher ein Bedarf an der direkten Verbindung von Topologieoptimierungen und Additiver Fertigung [20, 25–27], der mit dieser Arbeit angesprochen wird. Auch wenn es bereits ein wachsendes Wissen im Bereich Design für die Additive Fertigung (engl. *Design for Additive Manufacturing (DfAM)*) für Topologieoptimierungen gibt, haben viele weitere Restriktionen der Additiven Fertigung, wie sie beispielsweise von KRANZ *et al.* [28] vorgestellt werden, noch keine Berücksichtigung gefunden [29]. Des Weiteren ist der methodische Umgang mit Ergebnissen von Topologieoptimierungen in Bezug auf die Additive Fertigungstechnik bislang größtenteils unberücksichtigt geblieben. So kann die Wahl der Belichtungsstrategie unter Umständen einen erheblichen Einfluss auf Gewicht und Leistungsfähigkeit eines Funktionsbauteils nehmen [30].

Erst der Schritt der Integration von Konstruktionsrichtlinien und Restriktionen der Additiven Fertigung in simulationsgetriebene Optimierungs- und Konstruktionsprogramme ermöglicht die Verkürzung der Entwicklungszeit von additiven Bauteilen und Baugruppen um bis zu 40% [31]. Zudem offenbaren sich dadurch weitere enorme Potentiale der Zeit- und Kostenersparnis, beispielsweise bringt eine Reduktion von Stützstrukturen durch die Einhaltung festgelegter Überhangwinkel eine deutliche Verringerung des Nachbearbeitungsaufwandes mit sich [31]. Dieses Potential lässt sich erst durch die Integration weiterer Konstruktionsrichtlinien in Topologieoptimierungen voll ausschöpfen.

1.2 Zielstellung und Vorgehen

Ziel dieser Arbeit ist es daher die Restriktionen der Additiven Fertigung in gemeingültigen Formulierungen in Topologieoptimierungen zu integrieren und deren Anwendbarkeit zu validieren. Hinzu kommt die Entwicklung einer Methodik der Ergebnisverwertung, um die bestmögliche Abstraktion der Simulationsergebnisse zu funktionalen Bauteilen sicherzustellen. Zu diesem Zweck wird zunächst der Stand der Wissenschaft und Technik in Kapitel 2 erfasst. Auf dieser Grundlage wird in Kapitel 3 der Forschungsbedarf definiert und die numerischen Anstrengungen der vorliegenden Arbeit untermauert. Im Anschluss werden die Verfahren und Methoden erläutert, welche bei der Implementierung der Topologieoptimierungen eingesetzt werden, siehe Kapitel 4. Die entwickelten numerischen Ansätze sowie deren Ergebnisse und Diskussion, werden in den Kapiteln 5 bis 7 ausgeführt. Es folgt eine Betrachtung der Wirtschaftlichkeit anhand eines Anwendungsbeispiels in Kapitel 8. Am Ende dieser Arbeit wird in Kapitel 9 eine Zusammenfassung sowie ein Ausblick für weitere Forschungen gegeben.

Kapitel 2
Stand der Wissenschaft und Technik

Die Additive Fertigung ermöglicht durch den schichtweisen Aufbau der Bauteile den Zugang zu einem weitaus größeren Gestaltungsfreiraum für Funktionskomponenten als herkömmliche Fertigungsverfahren. Dieser Gestaltungsfreiraum wird erst durch die Verwendung von Optimierungstechniken des Formleichtbaus vollständig zugänglich gemacht. Im Gegensatz zum Fertigungsleichtbau, welcher das Ziel der Vermeidung von Zusatzgewicht, wie beispielsweise durch Verbindungselemente verursacht, im Sinne einer Funktionsintegration verfolgt, wird beim Formleichtbau eine Gewichtsreduktion mithilfe einer Strukturoptimierung erzielt. Dies umfasst Techniken der Parameter-, Form- und Topologieoptimierung. Dabei liefert die Topologieoptimierung die weitaus größte Designfreiheit [1, 32, 33]. In der Literatur lassen sich viele Beispiele für Topologieoptimierungsmethoden finden, deren Ergebnisse sich nur mit der Additiven Fertigung herstellen lassen. Dennoch fokussieren sich diese Arbeiten vorrangig auf den rechnergestützten Konstruktionsaspekt zum Auffinden der optimalen Struktur, während den AM-spezifischen Restriktionen und Richtlinien wenig bis keine Beachtung geschenkt wird. [25]

Dieses Kapitel gibt zunächst einen Überblick über den Stand der Wissenschaft und Technik von Topologieoptimierungen und der Additiven Fertigung. Im Anschluss daran werden die spezifischen Fertigungsrestriktionen vorgestellt sowie deren numerische Bedeutung erläutert. Das Ende dieses Kapitels stellt die Erfassung des aktuellen wissenschaftlichen Stands der Implementierung von Fertigungsrestriktionen dar. Aus dieser Übersicht wird der Forschungsbedarf in diesem Feld abgeleitet und der spezifische Forschungsinhalt der vorliegenden Arbeit definiert.

2.1 Topologieoptimierung

Die Topologieoptimierung gilt als die flexibelste Strukturoptimierungsmethode, da sie sowohl Änderungen der Topologie als auch der Form erlaubt [8, 34]. Die meisten Topologieoptimierungsstudien konzentrieren sich auf strukturelle Probleme wie Steifigkeits- und Eigenfrequenzmaximierung [35, 36]. Weitere häufige Anwendungen finden sich im Bereich der Wärmeleitungs- und Strömungsoptimierung. Zudem ist es möglich die Ansätze auf nahezu beliebige Problemstellungen zu übertragen, wie beispielsweise die optimale Konstruktion chemischer Reaktoren oder Vermischungsmaschinen, Magnetfeldoptimierungen und akustische Fragestellungen. [37–39]

Die am häufigsten verwendete Topologieoptimierungsmethode ist die *Solid Isotropic Material with Penalization* (SIMP)-Methode [8]. Dabei handelt es sich um eine Materialverteilungsmethode (*Material Distribution Method*), bei welcher ein Konstruktionsvolumen Ω (engl. *Design Space* oder *Design Domain*) definiert wird, welche das Aufbringen von Lastfällen und Randbedingungen ermöglicht. Das Material wird nach einem Optimierungsalgorithmus im *Design Space* verteilt. Numerisch wird

F. Lange, *Prozessgerechte Topologieoptimierung für die Additive Fertigung*,
Light Engineering für die Praxis, https://doi.org/10.1007/978-3-662-63133-1_2

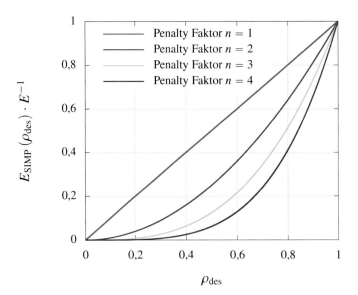

Abb. 2.1: Verhalten der SIMP-Methode, siehe auch [40]. y-Achse: Normierter E-Modul nach SIMP, x-Achse: Design Variable.

dies durch die Diskretisierung des *Design Space* in finite Elemente umgesetzt, denen jeweils eine Design-Variable, die sogenannte Design-Dichte ρ_{des} zugewiesen wird. Eine daran gekoppelte Modifikationen der interessierenden Materialeigenschaften, wie beispielsweise dem Elastizitätsmodul bei Steifigkeitsoptimierungen

$$E_{SIMP}(\rho_{des}) = E_{min} + \rho_{des}^{n} \cdot (E - E_{min}), \qquad (2.1)$$

sowie die künstliche Aufbringung von Belastungen ermöglicht die Bestimmung der optimalen Materialverteilung. Dabei steht E für den Elastizitätsmodul, mit $E_{min} << E$, um numerische Stabilität zu gewährleisten und dem *Penalty* Faktor n. Auf diese Weise ergibt sich für materialgefüllte Elemente $E(1) = E$ und für Elemente ohne Material $E(0) = E_{min}$ [41]. Elemente mit zwischenliegenden Design-Dichten, werden entsprechend des *Penalty* Faktors skaliert. Diese konvexe Bestrafungsfunktion zwingt ρ_{des} an seine obere und untere Grenze, da auf diese Weise zwischenliegende Design-Dichten schlechtere Materialeigenschaften erzeugen, siehe Abbildung 2.1. Eine Erhöhung des *Penalty* Faktors verstärkt diesen Effekt und wird eingesetzt, um die Materialausnutzung im *Design Space* zu maximieren.

2.1.1 Steifigkeit

Für eine Steifigkeitsoptimierung, oder auch Minimierung der Nachgiebigkeit, nimmt der Steifigkeitstensor **K** den Wert eines gegebenen Materials nur dort an, wo Material vom Optimierer angeordnet wird (*Solid*) und den Wert Null in Elementen, in welchen kein Material (*Void*) vorhanden ist [8]. Zusätzlich wird der Anteil der Design-Variable im *Design Space* limitiert. Die klassische Steifigkeitsoptimierung wird dementsprechend folgendermaßen definiert (siehe z.B. [19, 21, 23, 42]):

$$\text{Minimiere}: \quad \frac{c\,(\rho_{des})}{c_0} = \frac{\mathbf{F}^T\mathbf{u}}{\mathbf{F}^T\mathbf{u}_0} = \frac{\mathbf{u}^T\mathbf{Ku}}{\mathbf{u}_0^T\mathbf{Ku}_0},$$
$$\text{sodass}: \quad A\,(\rho_{des}) \leqslant \gamma \cdot A_0,$$
$$0 < \rho_{des} \leqslant 1. \tag{2.2}$$

Mit dem Verschiebungsvektor $\mathbf{u}$, dem Kraftvektor $\mathbf{F}$, der globalen Steifigkeitsmatrix $\mathbf{K}$ und dem Index 0 für Initialwerte, sorgt dieser Optimierungsansatz für eine Minimierung der Nachgiebigkeit der Struktur c, also einer Maximierung der Steifigkeit. Um zudem die triviale Lösung des vollständigen Ausfüllens des *Design Space* mit Vollmaterial auszuschließen, wird gleichzeitig die Einhaltung einer oberen Grenze für die Menge an verwendetem Material γ bezogen auf die Fläche (im 2D-Fall) des *Design Space* A_0 vorgegeben. Das Ergebnis einer solchen Optimierung am Beispiel eines 3-Punkt-Biege-Versuchs ist in Abbildung 2.2 dargestellt.

Durch eine Umformulierung des Optimierungsproblems lässt sich bei der Einhaltung zulässiger Maximalspannungen als Gewichtminimierungsproblem definieren:

$$\text{Minimiere}: \quad \frac{A\,(\rho_{des})}{A_0},$$
$$\text{sodass}: \quad \mathbf{F}^T\mathbf{u} = \mathbf{u}^T\mathbf{Ku},$$
$$0 < \rho_{des} \leqslant 1,$$
$$\frac{c\,(\rho_{des})}{c_0} < 1. \tag{2.3}$$

Eine genauere mathematische Beschreibung und deren numerische Umsetzung erfolgt in Kapitel 4.

Abb. 2.2: Spannungsverteilung eines zweidimensional steifigkeitsoptimierten Balkens mit fester Lagerung an den unteren Eckpunkten und Krafteinleitung mittig von oben. Die gelben Linien stellen die optimale Oberfläche des Balkens bei vorgegebenem Maximalvolumen der Komponente dar. Die Farben in der Struktur geben Aufschluss über die vorliegenden Spannungen.

2.1.2 Wärmeleitung

LOHAN *et al.* geben eine Übersicht über die möglichen Zielfunktionen für Wärmeleitungsoptimierungen [43] sowie deren Performance in Bezug auf verschiedene Zielgrößen. Eine solche stellt die Zielfunktion der thermischen Belastbarkeit (*thermal compliance*) dar, welche als das Produkt des Wärmestroms q und dem Temperaturgradienten ∇T

$$\Psi_{\mathrm{tc}} = \int_{\Omega} q\nabla\mathrm{T}\mathrm{d}\Omega \tag{2.4}$$

definiert ist [43–45]. Diese Formulierung ist weit verbreitet, da die Hilfsvariable direkt durch die bekannte Größe des Temperaturfeldes definiert werden kann, was die Notwendigkeit des Lösens eines zusätzlichen Gleichungssystems eliminiert. In den häufigsten Fällen ist sie in der Form

$$\Psi_{\mathrm{tc}} = \int_{\Omega} \nabla T \cdot k\nabla\mathrm{T}\mathrm{d}\Omega, \tag{2.5}$$

mit der Wärmeleitfähigkeit k gegeben [46]. In Abbildung 2.3 sind exemplarisch die Ergebnisse derart optimierter passiver Kühlkörper dargestellt.

Eine Alternative stellt die Zielfunktion der Minimierung der Durchschnittstemperatur dar [34, 43], welche sich eher nach dem Ziel der Reduzierung der Temperatur m *Design Space* ausrichtet. Die Zielfunktion der thermischen Belastbarkeit kann zu Verzerrungen des Ergebnisses in Bereichen des Wärmeeintrages führen [43], während jedoch die Zielfunktion der Minimierung der Durchschnittstemperatur die Einflüsse der thermischen Belastungen nicht explizit berücksichtigt:

$$\Psi_{\mathrm{mt}} = \frac{1}{A} \int_{\Omega} \mathrm{T}\mathrm{d}\Omega. \tag{2.6}$$

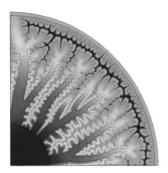

Abb. 2.3: Topologieoptimierte Kühlkörper links in 2D, übernommen aus [30] und rechts in 3D, übernommen aus [47].

Sind stattdessen lokale Hotspots von primärem Interesse, so stellt die Minimierung der Maximaltemperatur häufig eine passendere Zielfunktion dar [23, 43, 48, 49]. Da die Max-Funktion jedoch nicht differenzierbar ist, wird die p-Norm Approximation

$$\Psi_{\mathrm{pn}} = ||\mathrm{T}||_p \tag{2.7}$$

verwendet. Die p-Norm approximiert die Maximaltemperatur durch p-te Wurzelbildung aus der Summe der Temperatur zur Potenz p. Die Genauigkeit dieser Approximation steigt mit der Größe von p, da für $p \to \infty$ die Norm gegen die Max-Funktion konvergiert. Zur Sicherstellung von wohldefinierten Ableitungen wird meist $p = 10$ gewählt. Diese Formulierung misst nicht akkurat die Maximaltemperatur, sorgt aber für eine Konvergenz der Topologie zu einer Lösung mit niedrigerer Temperatur. [43]

Insbesondere Elektronikanwendungen benötigen statt einer Minimierung der Maximaltemperatur ein gleichmäßiges Temperaturfeld, da große Temperaturgradienten die Leistung elektronischer Bauteile negativ beeinflussen können. Eine Möglichkeit der Beschreibung der Homogenität des Temperaturfeldes ist die Verwendung der Temperaturvarianz als Zielfunktion

$$\Psi_{\mathrm{tv}} = \frac{1}{A} \int_{\Omega} (\mathrm{T} - \mathrm{T}_{\mathrm{av}})^2 \, \mathrm{d}\Omega, \tag{2.8}$$

wobei die Temperaturvarianz durch die quadrierte Differenz der Elementtemperatur T und der Durchschnittstemperatur T_{av} gegeben ist. [43, 50]

LOHAN et al. zeigten, dass die optimierten Strukturen der Zielfunktionen der thermischen Belastbarkeit und der Minimierung der Durchschnittstemperatur nahezu identisch für homogen beheizte *Design Spaces* sind. Als Grund dafür wird die mathematische Ähnlichkeit der beiden Formulierungen genannt. Die p-Norm Approximation der Maximaltemperatur kann, trotz der Ungenauigkeiten in der Gradientenberechnung, konsistent verwendet werden, um Lösungen mit niedrigeren Temperaturen zu erzeugen. Die Zielfunktion der Minimierung der Temperaturvarianz führt zur Ausbildung von mehr dendritischen Strukturen. In bestimmten Fällen führt diese Formulierung zur Erzeugung relativ kleiner Anbindungen an die feste Temperaturgrenze, da auf diese Weise durch eine Erhöhung der Durchschnittstemperatur in der Domäne die Temperaturvarianz minimiert werden kann. [43]

2.1.3 Strömungsmechanik

Die etablierte Zielfunktion im Bereich der topologischen Optimierung strömungsmechanischer Systeme ist die *Hydraulic Resistance* oder auch *Hydraulic Power Dissipation*

$$\Phi = \int_{\Omega} \frac{1}{2} \eta \sum_{i,j} \left(\frac{\partial v_i}{\partial x_j} + \frac{\partial v_j}{\partial x_i} \right)^2 + \sum_{i} \alpha \left(\rho_{\mathrm{des}} \right) v_i^2 \, \mathrm{d}\Omega, \tag{2.9}$$

wie in Abschnitt 4.1 ausführlich beschrieben. Selten werden Zielfunktionen zur Maximierung, beziehungsweise Minimierung der Strömungsgeschwindigkeit an einem spezifischen Punkt im *Design Space* verwendet, da diese lediglich in einem sehr beschränkten Feld anwendbar sind. [46, 51]

2.1.4 Verfahren

Eine alternative Formulierung der SIMP-Methode wurde von STOLPE und SVANBERG vorgeschlagen: Die sogenannte *Rational Approximation of Material Properties* (RAMP)-Methode

$$E\left(\rho_{\text{des}}\right) = E_{\min} + \frac{\rho_{des}}{1 + n \cdot \rho_{des}} \cdot \left(E - E_{\min}\right) \tag{2.10}$$

erhöht laut Autoren die Konvexität des Lösungsraums und zudem die Differenzierbarkeit in den Randbereichen der Funktion [41].

Ein alternativer Ansatz zu diesen Verfahren basiert auf der Level-Set-Methode [52]. Nach WANG *et al.* wird bei diesem Ansatz die Struktur welche der Optimierung unterliegt, implizit durch einen bewegten Rand (engl. *moving boundary*) abgebildet. Dieser wird durch eine skalare Funktion, die sogenannte Level-Set-Funktion, beschrieben. Während die Form und Topologie der Struktur großen Veränderungen ausgesetzt sein kann, bleibt die Level-Set-Funktion in ihrer Topologie einfach. Basierend auf dem Konzept der Ausbreitung der Level-Set-Oberfläche werden Design-Änderungen als mathematische Programmierung für das Problem der Optimierung durchgeführt. [53]

In dieser Anwendung wird der optimale Rand der Struktur als eine Lösung der partiellen Differentialgleichung ausgedrückt:

$$\frac{\partial \Phi\left(x, t\right)}{\partial t} = -\nabla \Phi\left(x\right) \frac{\mathrm{d}x}{\mathrm{d}t} \equiv -\nabla \Phi\left(x\right) \Gamma\left(x, \Phi\right), \tag{2.11}$$

wobei Φ die Level-Set-Variable ist und $\Gamma\left(x, \Phi\right)$ den „Geschwindigkeitsvektor" der Level-Set-Oberfläche beschreibt, welcher von der Zielfunktion der Optimierung abhängt. Ebenso wie im SIMP-Verfahren, können komplexe Oberflächenformen abgebildet werden und die Oberfläche kann sich in mehrere Ränder aufteilen, beziehungsweise können mehrere Ränder zu einer Oberfläche verschmelzen. Tatsächlich kann die Komplexität der Berechnung proportional zur Oberflächengröße der Level-Sets gemacht werden, statt von dem Volumen des *Design Space* abzuhängen. [53]

Ein weiterer Ansatz zur Topologieoptimierung ist die *Bi-directional Evolutionary Structural Optimization* (BESO)-Methode, welche eine Erweiterung der *Evolutionary Structural Optimization* (ESO)-Methode - 1993 von XIE und STEVEN [54] entwickelt - darstellt. Für eine optimale Materialausnutzung wird ein gleichmäßig verteiltes Spannungsfeld in der Struktur erwartet. Das ist jedoch häufig nicht der Fall, was auf ineffizient eingesetztes Material hinweist. Dies führt zur ursprünglichen ESO-Aussage, dass gering belastetes Material als ineffizient angesehen und daher schrittweise entfernt werden kann. Dies geschieht nach einem definierten Ausschlusskriterium auf dem lokalen Spannungsniveau. Die Materialentfernung wurde durch das Löschen von finiten Elementen des Rechengebietes vorgenommen, sodass die ESO-Methode auch als *Hard-Kill*-Methode bekannt ist. Diese Formulierung ist jedoch auf die Entfernung von Material aus der Struktur beschränkt. Es ist nicht möglich Material in späteren Iterationen hinzuzufügen, sodass eine überdimensionierte initiale Lösung notwendig ist. Nur auf diese Weise lässt sich sicherstellen, dass das endgültige Design durch eine angemessene Anzahl von Elementen repräsentiert wird. Aufgrund der starken Netzabhängigkeit der Lösungen und der Neigung zur Konvergenz zu lokalen Minima in Form von Schachbrettfehlern (siehe Abschnitt 2.1.5) verwendet man heute konvergente und netzunabhängige BESO-Methoden, wie beispielsweise von HUANG und XIE [55] vorgestellt. Dazu werden zwei wesentliche Erweiterungen der ESO-Methode durchgeführt: Zunächst wird ein Filterschema verwendet, um Schachbrettfehler und Probleme mit der Netzabhängigkeit zu vermeiden. Zudem wird die Sensitivitätszahl unter Berücksichtigung vorheriger Iterationen modifiziert, um das Optimierungsverfahren zu stabilisieren. [56]

Einen vergleichsweise neuen Ansatz der Topologieoptimierung stellt die Verwendung von *Machine Learning (ML)*, insbesondere mit Hilfe von *Deep Neural Networks*, dar. Die Idee basiert darauf, dass eine Topologieoptimierung im 2D-Fall im Kern als Bild repräsentiert werden kann. Folglich lassen sich ML-Algorithmen, welche für Mustererkennungen und Bildverbesserungen entwickelt wurden, zu geeigneten Methoden für Topologieoptimierungen umwandeln, schreiben GAYMANN *et al.*, welche diesen Ansatz erstmals auf Fluid-Struktur-Probleme anwandten [10]. Dem Verfahren werden große Möglichkeiten zugesprochen, insbesondere bei der Lösung von hochaufgelösten Optimierungsproblemen, bei welchen konventionelle Topologieoptimierungsansätze an ihre Grenzen stoßen. [10, 57, 58] Aufgrund der Neuheit des Ansatzes steht eine genaue Ausarbeitung der Vor- und Nachteile dieses Verfahrens jedoch noch aus.

Graphen-basierte Ansätze, wie beispielsweise der Spidrs-Ansatz, ermöglichen es einem Agenten, sich frei über eine potentielle Festkörperdomäne zu bewegen, um absichtliche und natürliche topologische Modifikationen zu erzeugen [59]. Auf diese Weise entsteht die Topologie der Struktur ähnlich der eines Spinnennetz.

Ein weiteres Konzept für Topologieoptimierung, welches nicht den gleichen Einfluss wie die zuvor beschriebenen Methoden erreichte, ist das Konzept der Zellulären Automaten, wobei Verhaltensweisen und Muster aus der Natur nachgeahmt werden [60] .

In der vorliegenden Arbeit wird der Fokus auf das SIMP-Verfahren gelegt. Zum einen handelt es sich hierbei um das in der Literatur am weitesten verbreitete Verfahren, welches seine Anwendbarkeit auf unterschiedlichste Optimierungsziele bereits vielfach unter Beweis gestellt hat. Des Weiteren lässt die Formulierung des Optimierungsproblems die Entstehung sogenannter *Graded Material Properties* zu, also Bereiche, deren relative Dichte zwischen 0 und 1 liegt. Im Kontext der Additiven Fertigung ergeben sich daraus interessante Anwendungsfelder, indem solche Bereiche beispielsweise mit Gitterstrukturen aufgefüllt [61–66], oder gradierte Materialeigenschaften durch eine Anpassung von Prozessparametern realisiert werden [67], um diese relative Dichte abzubilden. Ein weiterer Punkt ist, dass bereits einige

Anstrengungen in der Literatur unternommen wurden, um unterschiedliche Verfahrensrestriktionen in SIMP-Formulierungen zu integrieren, wie in den Abschnitten 2.3.1 bis 2.3.3 dargestellt.

2.1.5 Numerische Probleme

In Topologieoptimierungssimulationen kommt es mitunter zu numerischen Problemen, welche die Auffindung des Optimums erschweren oder verhindern. Eine frühzeitige Berücksichtigung von Präventionstechniken zur Vermeidung dieser Probleme ist daher ratsam. Nach SIGMUND und PETERSSON [17] lassen sich die numerischen Probleme in drei Kategorien unterteilen:

- **Checkerboards** (*Schachbrettmuster*): Mitunter kommt es zur Ausbildung von Regionen mit alternierenden *Solid*- und *Void*-Elementen, welche auf den ersten Blick als physikalisch optimale Lösung ausgeschlossen werden können.

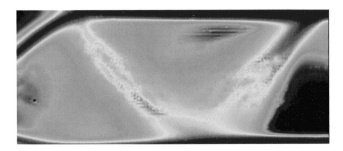

Abb. 2.4: Schachbrettmusterausbildung bei einer Steifigkeitsoptimierung.

- **Mesh dependence** (*Netzabhängigkeit der Lösung*): Unterschiedliche Netzfeinheiten und Diskretisierungen führen zu qualitativ unterschiedlichen Ergebnissen. Insbesondere sorgen feinere Vernetzungen für eine Zunahme der Detailliertheit der Lösung.

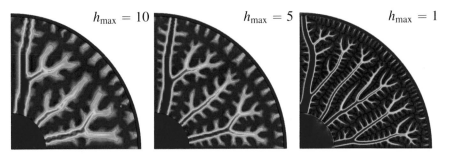

Abb. 2.5: Netzabhängigkeit der Lösung bei einer Wärmeleitungsoptimierung. Maximale Elementgröße h_{max} der Vernetzung von links nach rechts abnehmend.

- **Local minima** (*Lokale Minima*): Eine unterschiedliche Wahl der Rand- und Anfangsbedingungen kann zu verschiedenen Lösungen führen.

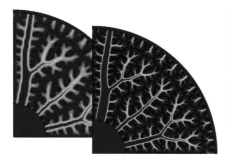

Abb. 2.6: Lokale Minima bei einer Wärmeleitungsoptimierung aufgrund verschiedener Anfangsbedingungen. Links: Ergebnis auf grobem Netz als Anfangsbedingung, Rechts: Eins-Lösung als Anfangsbedingung.

Die Ausbildung von Schachbrettmustern ist ein typisches Beispiel für Konvergenzprobleme bei Topologieoptimierungen. Eine Möglichkeit zur Vermeidung von Schachbrettmustern stellt die Verwendung von finiten Elementen höherer Ordnung dar [68–70], welche jedoch ebenfalls mit erhöhten Rechenzeiten einhergeht. Um diese zusätzlichen Rechenzeiten zu umgehen, werden unter anderem effektive „Superelement"-Techniken [71,72], oder Filter [73], wie sie in der Bildbearbeitung Anwendung finden, implementiert. Allerdings verfehlen diese Ansätze den eigentlichen Kern der Sache, da sie fehlerhafte Ergebnisse nachbearbeiten, ohne die grundlegenden Probleme auszuschalten.

Idealerweise sollte eine Netzverfeinerung in einer besseren Abbildung derselben optimalen Struktur und nicht in einer detaillierteren und qualitativ unterschiedlichen Struktur resultieren. Es kommt jedoch zur sogenannten „Konvergenz zu Mikrostrukturen". Es ist ein bekanntes Problem, dass es Topologieoptimierungen generell an Lösungen fehlt. Der Grund ist, dass eine Verfeinerung des Netzes zwangsläufig eine Verfeinerung der Lösung mit sich bringt. Ein Problem, welches sich häufig durch den Einsatz von Filterungen beheben lässt. Nicht-eindeutige Lösungen führen ebenso zu unterschiedlichen Ergebnissen. Eine uni-axiale Belastung in einer Steifigkeitsoptimierung kann viele Lösungen haben, da das Optimum in diesem Spezialfall lediglich von der Querschnittfläche der Struktur abhängt. Hier ist eine Verfeinerung der Struktur zwar möglich, findet aber nicht zwangsweise statt, da gleich gute Lösungen existieren. [17]

Der erste Ansatz die Netzabhängigkeit der Lösung zu reduzieren, stellt die Lockerung der Null / Eins Problematik dar (engl. *relaxation*), wie dies beispielsweise beim *Homogenization Approach to Topology Optimization* umgesetzt wurde [74]. Dieses Vorgehen führt jedoch zu großräumigen grauen Regionen, wo $0 < \rho_{\text{des}} < 1$, was zumeist unerwünscht ist. Um eine eindeutige Null / Eins-Lösung zu erhalten, wird stattdessen eine globale oder lokale Bedingung an die Variation der Design Variable gestellt. Die erste ist die *Perimeter Method*, welche in Abschnitt 2.3.1 ausführlich beschrieben wird.

Die *global gradient constraint* wird als eine Norm der Design-Variable im Sobolov Raum $H^1(\Omega)$

$$||\rho_{\text{des}}||_{H^1} = \sqrt{\int_\Omega \left(\rho_{\text{des}}^2 + |\nabla\rho_{\text{des}}|^2\right)\,\mathrm{d}x} \leqslant M \tag{2.12}$$

definiert, wobei diese Methode lediglich eine Abwandlung der *Perimeter Method* darstellt, siehe Abschnitt 2.3.1. Diese beiden Methoden erlauben jedoch die lokale Entstehung von sehr dünnen Strukturen. Um diese Problematik zu umgehen, wird die *local gradient constraint* als eine Punktweise Bedingung (zur näheren Beschreibung der Bedingungsarten siehe Abschnitt 4.2) an die Ableitungen der Design-Variable gestellt [17, 75, 76]:

$$\left|\frac{\partial\rho_{\text{des}}}{\partial x_i}\right| \leqslant c, \qquad i = 1, 2. \tag{2.13}$$

Mit dieser Methode lassen sich insbesondere Schachbrettmuster beliebig stark reduzieren, wobei das punktweise Schema für bis zu $2 \cdot N$ zusätzliche Nebenbedingungen in dem Optimierungsproblem sorgt (N Anzahl Elemente) und sich daher als äußerst rechenintensiv herausstellt.

Des Weiteren existieren Netzunabhängige Filter, welche mit Filtern aus der Bildbearbeitung vergleichbar sind. Bei diesen wird die Design-Dichte jedes Elements anhand eines gewichteten Mittelwerts einer definierten Nachbarschaft an Elementen angepasst [77, 78]. Der Vorteil einer solchen Filterung besteht darin, dass keine zusätzlichen Nebenbedingungen in das Optimierungsproblem implementiert werden müssen. Stattdessen reicht ein Schema aus, welches lediglich wenig Rechenzeit benötigt und zusätzlich sogar die Konvergenz verbessern kann. [17]

2.2 Additive Fertigung

Die industrielle Relevanz der Additiven Fertigung nimmt stetig zu, was sich in den beeindruckenden Wachstumszahlen der vergangen Jahre niederschlägt. Für die letzten 30 Jahre liegt die Wachstumsrate für alle Produkte und Dienstleistungen der Additiven Fertigung bei durchschnittlichen 26,9% jährlich [79]. Dabei entfällt der größte Anteil der Anwendungen von mehr als 33% auf die Herstellung von funktionalen Komponenten [80], wie sie sich beispielsweise mit den in dieser Arbeit beschriebenen Verfahren erzeugen lassen.

Unter dem Begriff der Additiven Fertigung werden Verfahren zur Herstellung physischer Bauteile mittels eines zyklischen und schichtweisen Aufbaus zusammengefasst. Dieses Vorgehen unterscheidet sich maßgeblich von herkömmlichen substraktiven Verfahren (bspw. Fräsen oder Bohren), formgebenden Verfahren (bspw. Gießen oder Schmieden) oder Fügeverfahren (bspw. Schweißen oder Löten) [81, 82]. Der ISO/ASTM 52900 Standard definiert die Prozesskategorien der Additiven Fertigung folgendermaßen:

- **Material extrusion**: ein Additiver Fertigungsprozess, in dem Material selektiv über eine Düse oder Blende abgegeben wird
- **Material jetting**: ein Additiver Fertigungsprozess, in dem Tropfen des Aufbaumaterials selektiv platziert werden
- **Binder jetting**: ein Additiver Fertigungsprozess, in dem ein flüssiges Bindemittel selektiv platziert wird, um Pulvermaterialien zu verbinden
- **Sheet lamination**: ein Additiver Fertigungsprozess, in dem Materialplatten zu einem Bauteil verbunden werden
- **Vat polymerization**: ein Additiver Fertigungsprozess, in dem flüssiges Photopolymer in einem Behälter selektiv durch lichtaktivierte Polymerisation gehärtet wird
- **Powder bed fusion**: ein Additiver Fertigungsprozess, in dem thermische Energie selektiv Regionen eines Pulverbettes verschmilzt
- **Directed energy deposition**: ein Additiver Fertigungsprozess, in dem fokussierte thermische Energie genutzt wird, um Materialien zu verschmelzen, während sie platziert werden

Alleine die *Powder bed fusion* Verfahren für metallische Werkstoffe lassen sich weiter in die Verfahren Selektives Laserstrahlschmelzen (LBM, auch SLM oder LPBF genannt), Selektives Lasersintern (SLS), Elektronenstrahlschmelzen (EBM) und Selektives Wärmesintern (SHS) unterteilen [83]. In der Verarbeitung von metallischen Werkstoffen besitzen diese Verfahren die größte industrielle Relevanz, mit einem Marktanteil von mehr als 75%. Aufgrund der möglichen Komplexität der fertigbaren Strukturen eignet sich für die in dieser Arbeit angestrebten Entwicklungen das LBM-Verfahren am Besten. [84]

Aus diesem Grund wird in der vorliegenden Arbeit vorrangig das LBM Verfahren betrachtet (die Begriffe Additive Fertigung und LBM werden im weiteren Verlauf synonym verwendet), welches in Abbildung 2.7 vereinfacht dargestellt ist. Dabei handelt es sich um eine Technik, die breite industrielle Anwendungsgebiete abdeckt

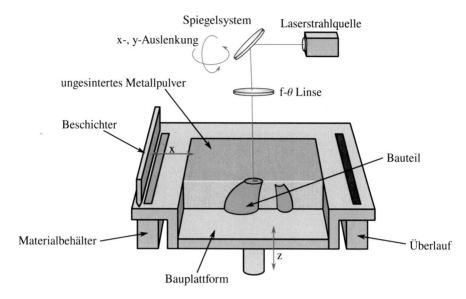

Abb. 2.7: Beispielhafter Aufbau und Funktionsweise einer SLM Maschine.

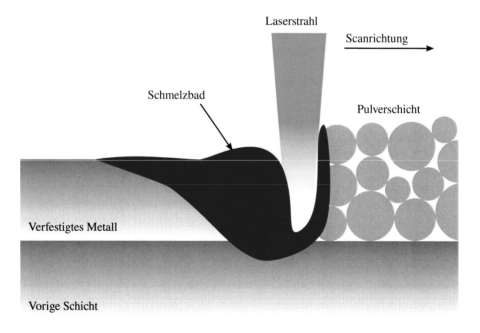

Abb. 2.8: Der SLM Prozess: Nach dem Auftrag einer neuen Pulverschicht erfolgt das selektive Aufschmelzen des Pulvers mittels eines Laserstrahls, welcher durch eine definierte Bahnplanung durch das Pulverbett bewegt wird. Dabei kommt es zu einer Verschweißung des Pulvers mit darunterliegenden Bauteilschichten.

und durch eine große Palette an verarbeitbaren Materialien gekennzeichnet ist [85]. Bei dieser Technik wird ein Laser mithilfe eines Spiegel- und Linsensystems über einen definierten Bereich eines Materialpulverbettes geführt. Es bildet sich ein Schmelzbad in dem die Pulverpartikel zu einer dünnen Schmelzspur verschmelzen, welche sich nach dem Ende des Energieeintrags verfestigt. Dabei werden benachbarte Schmelzspuren leicht überlappend angeordnet, um eine homogene, vollständig verschweißte Bauteilschicht zu erhalten. Im Anschluss wird die Bauplattform leicht abgesenkt und eine weitere Pulverschicht mit einem Beschichtungssystem aufgebracht, wobei überschüssiges Pulver in einem Überlauf gesammelt wird. Der Prozess wird solange wiederholt bis die Teilschichten schließlich ein dreidimensionales Endbauteil ergeben. Dabei wird die Schichtdicke so gewählt, dass die neuen Schichten mit den jeweils darunter liegenden Schichten verschweißt werden, siehe Abbildung 2.8. Bei geeigneter Wahl der Prozessparameter entstehen auf diese Weise Bauteile mit sehr hohen relativen Dichten und mechanischen Eigenschaften vergleichbar mit denen geschmiedeter Bauteile [86, 87].

Bestimmte Geometrien benötigen für einen korrekten Aufbau Stützstrukturen. Diese sollen zum einen thermischen Verzügen entgegenwirken, zum anderen das Bauteil im Pulverbett stützen. Bei den kritischen Strukturen handelt es sich insbesondere um Überhänge in der Bauteilgeometrie, welche anfällig für thermische Verzüge sind und keine unterliegende Schicht zum Verschweißen besitzen. Stützstrukturen werden besonders dünnwandig gestaltet, um eine nachträgliche Entfernung so einfach wie möglich zu halten. [28, 88]

2.3 Restriktionen der Additiven Fertigung und deren numerische Beschreibung

Trotz des großen Gestaltungsfreiraumes bei der Konstruktion von Komponenten für die additive Fertigung existieren Restriktionen, welche die konstruktiven Möglichkeiten einschränken. Diese beziehen sich zum einen auf die generelle Druckbarkeit der Bauteile, zum anderen auf den Aufwand, beziehungsweise die Möglichkeit der Nachbearbeitung und Entfernung von Stützstrukturen. Durch den hohen Energieeintrag des Schweißprozesses neigen die Bauteile zu thermischen Verzügen, welche bereits frühzeitig durch eine entsprechend angepasste Konstruktion abgefangen werden können. Minimal druckbare Wandstärken ergeben sich aus dem Laserstrahlradius der verwendeten Strahlungsquelle und den Materialeigenschaften, welche die Stabilität dünnwandiger Strukturen festlegen. Die Vermeidung bestimmter Überhangwinkel in Aufbaurichtung des Bauteils kann die Notwendigkeit von Stützstrukturen eliminieren, um nur einige Beispiele für Fertigungsrestriktionen zu nennen.

In der Literatur existieren daher *Design Guidelines*, siehe beispielsweise die Arbeiten von ADAM et al. [89], KRANZ et al. [28] oder THOMPSON et al. [90], welche die Einschränkungen der additiven Fertigung darstellen und Konstruktionsvorschläge geben. Die wichtigsten und im Sinne der numerischen Implementierbarkeit relevantesten dieser Konstruktionsempfehlungen sind in Tabelle 2.1 dargestellt.

Bei einer Topologieoptimierung erhält jedes finite Element eine Design-Variable zur Optimierung. Dabei weisen die Zielfunktionen und Restriktionen zumeist ein nicht-konvexes Verhalten auf. Ein Optimierungsproblem in einem nicht konvexen Lösungsraum kann jedoch mehrere Extrema besitzen, sodass nicht gesichert ist,

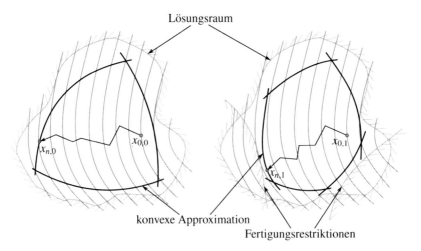

Abb. 2.9: Einschränkung des Lösungsraums von Optimierungen durch die Einbringung von Fertigungsrestriktionen nach [91, 92]. Links die konvexe Approximation - wie sie beispielsweise beim Method of Moving Asymptotes (MMA)-Algorithmus vorkommt - des Lösungsraums ohne Restriktionen, rechts die konvexe Approximation des Lösungsraums mit der Einbringung von Restriktionen.

dass sich der Optimierungsalgorithmus dem globalen und nicht lediglich einem lokalen Extremum annähert. Eine konvexe Approximation des Lösungsraums hat sich daher als effizient für die Lösung komplexer Topologieoptimierungsprobleme herausgestellt. Aus diesem Grund eignen sich besonders Optimierungsalgorithmen wie die MMA [93] für diese Art von Anwendung. Die MMA kann als ein konvexes Annäherungsverfahren erster Ordnung interpretiert werden, welche versucht die Krümmung der Zielfunktion abzuschätzen. Dabei stellt jedes explizite Teilproblem eine konvexe Annäherung an das primäre Problem dar, welches durch eine TAYLOR-Reihenentwicklung der Ziel- und Beschränkungsfunktionen erhalten wird. [91,92,94]

Die Einbringung von Fertigungsrestriktionen kann als Beschneidung des Lösungs-raumes angesehen werden, wie in Abbildung 2.9 dargestellt. Es ist möglich, dass eine solche Restriktion den Lösungsraum in Richtung des Optimums, also des globalen Extremums beschneidet. In diesem speziellen Fall sorgt die Implementierung einer Fertigungsrestriktion also für eine Entfernung von der möglichen, mathematisch optimalen Lösung ohne Restriktionen. Es stellt sich jedoch heraus, dass je mehr Fertigungsrestriktionen in einer Topologieoptimierung berücksichtigt werden, man sich desto weiter der endgültigen Produktrealität annähert. Ein virtuelles Prototyping direkt aus der Topologieoptimierung stellt dabei eine große Herausforderung dar. [24]

Um diese Herausforderung zu bewerkstelligen, sollten Algorithmen zur Einbrin-gung von Fertigungsrestriktionen folgenden Ansprüchen gerecht werden, um eine effektive Handhabung zu gewährleisten:

- Explizite Formulierung
- Numerisch berechenbare Sensitivität
- Möglichst wenige Restriktionen mit möglichst wenigen Einstellungsparametern
- Stabiles und schnelles Konvergenzverhalten
- Generelle Anwendbarkeit
- Einfache Implementierung und geringe Rechenzeit
- Fertigbare Ergebnisse [23]

Ziel ist es daher, möglichst viele dieser Punkte bei der Entwicklung neuer Restriktionen zu berücksichtigen.

Tabelle 2.1: Auswahl an Konstruktionsempfehlungen und Restriktionen des SLM-Verfahrens nach [28], [89], [90], [80], [95] und [88].

Eigenschaft	Erklärung	Design	
		unvorteilhaft	vorteilhaft
Wände und Wandstärken	Der Laserstrahlradius dL limitiert die Auflösung in der Fertigungsebene. Daher sind scharfe Kanten und Ecken nicht fertigbar. Des Weiteren wird die minimale Wandstärke durch materialspezifische mechanische Kennwerte eingeschränkt, sodass eine minimale Wandstärke von $2 - 3$-fachem Laserstrahlfokusdurchmesser empfehlenswert ist.	dL	dL
	Kerben sollten vermieden und runde Materialübergänge bevorzugt werden, da thermisch induzierte Spannungen zum Abbruch des Baujobs führen können.		
	Wandstärken bei Elementübergängen in Aufbaurichtung des Bauteils sollten so gewählt werden, dass die Querschnittsflächen gleich groß bleiben oder kleiner werden.	$A_3 > A_1 + A_2$	$A_3 < A_1 + A_2$
	Bei sehr dünnwandigen Strukturen sollten zusätzliche Versteifungsrippen vorgesehen werden.		
Spaltmaße	Die Auslegung von Spalten sollte möglichst klein und nicht komplex gehalten werden, um die Entfernbarkeit von Pulver sicherzustellen.		

Eigenschaft	Erklärung	unvorteilhaft	vorteilhaft
	Mehrere, gleichmäßig verteilte Öffnungen sollten bevorzugt werden, um das Verbleiben von Pulver in dem Spalt zu vermeiden.		
Überhänge und Stützstrukturen	Generell gilt es Überhänge möglichst zu vermeiden, um die Notwendigkeit von Stützstrukturen zu minimieren.		
	Horizontale Überhänge neigen dazu sich aufzuwölben und können zu Aufbaufehlern oder Abbruch des Baujobs führen.		
	Die empfohlene Überhanglänge (materialabhängig) sollte nicht überschritten werden.		
	Ab bestimmten Überhangwinkeln sind Stützstrukturen notwendig.		
	Gut gewählte Konstruktionen können die Notwendigkeit von Stützstrukturen aufheben und die geometrische Maßhaltigkeit verbessern [96].		Supports
Kavitäten	Mindestens eine, ausreichend große Öffnung ist notwendig, um Pulverentfernbarkeit sicherzustellen.		
	Kavitäten sollten einfach gestaltet werden, um das Verbleiben von Pulver in Hinterschneidungen zu vermeiden.		
	Bei komplexen Geometrien sollten mehrere Öffnungen vorgesehen werden.		

Eigenschaft	Erklärung	unvorteilhaft	vorteilhaft
Material-anhäufung	Materialanhäufungen sollten vermieden werden, um Wärmestau zu verhindern sowie Fertigungszeiten und -kosten gering zu halten.		
	Horizontal zur Aufbaurichtung positionierte Bauteilflächen sollten vermieden werden, da auf diese Weise die höchsten thermischen Spannungen induziert und die schlechtesten Oberflächenqualitäten erreicht werden.		
Radien	Das Entstehen von Treppenstufeneffekten kann durch geeignete Bauteilausrichtung vermieden werden [88].		
Bohrungen und Kanäle	Bohrungen und Kanäle sollten direkt in die Bauteilkonstruktion eingebunden werden, um den Nachbearbeitungsaufwand zu reduzieren.		
	Durchgangsbohrungen sollten gegenüber blinden Bohrungen bevorzugt werden.		
	Geeignete Oberflächenorientierung für Werkzeugzugänglichkeit sollte sichergestellt werden, um Nachbearbeitung zu ermöglichen.		

Eigenschaft	Erklärung	unvorteilhaft	vorteilhaft
	Eine Bohrungs- bzw. Kanalausrichtung entlang der Aufbaurichtung ist zu bevorzugen, um Treppenstufeneffekte zu minimieren. Bei horizontal ausgerichteten Bohrungen und Kanälen ist ein Aufmaß zum Ausgleich des Treppenstufeneffektes zu berücksichtigen.		
	Ab bestimmten Durchmessern (materialabhängig) sind bei horizontal ausgerichteten Bohrungen oder Kanälen Stützstrukturen notwendig, da es sonst zu Aufbaufehlern kommt.		Supports

2.3.1 Längenskalenkontrolle

Eine Längenskalenkontrolle ist von besonderer Wichtigkeit, um additive Fertigbarkeit zu garantieren. Die minimale Wandstärke ist durch den Laserstrahlfokusdurchmesser sowie materialabhängige Festigkeiten beschränkt, während Spaltmaße durch das Ansintern von Partikeln aufgrund von Wärmeakkumulation und die Möglichkeit der Pulverentfernbarkeit limitiert werden, siehe auch Tabelle 2.1.

Die von HABER eingeführte *Perimeter Method* [97] kann als erster Ansatz für eine Wandstärkenrestriktion angesehen werden. Die grundlegende Idee besteht darin der Gesamtoberfläche der Struktur eine obere Begrenzung vorzugeben. Auf diese Weise wird die Entstehung vieler dünnwandiger Strukturen unterdrückt, da diese eine Vergrößerung der Oberfläche zur Folge haben. Stattdessen entstehen weniger, aber dickere Strukturen. Als besonders geeignete Messgröße der Oberfläche der Struktur stellt sich die Gesamtvariation der Design-Variable (engl. *total variation of* ρ_{des}) dar, insbesondere wenn die Menge intermediärer ρ_{des}-Werte ($0 > \rho_{\mathrm{des}} < 1$) durch die Anwendung von Strafschemas in Richtung Null gezwungen wird. In Bereichen des Vollmaterials $\rho_{\mathrm{des}} = 1$ und Bereichen ohne Material $\rho_{\mathrm{des}} = 0$ ist die Variation gleich Null. Lediglich in Bereichen der Änderung, also genau an der Oberfläche der Struktur, werden von Null verschiedene Werte angenommen. [97]

In seiner einfachsten Form lässt sich die *Perimeter Method* als Integral der Variation der Design-Variable über den *Design Space* darstellen, der eine obere Grenze P_{max} vorgegeben wird [17]:

$$P = \int_{\Omega} |\nabla \rho_{\mathrm{des}}(x)| \, d\Omega \leqslant P_{\mathrm{max}}. \qquad (2.14)$$

Dabei steht P für den Perimeter. Der Einfluss der *Perimeter Method* ist in Abbildung 2.10 dargestellt. Es kann beobachtet werden, dass mit steigender Gewichtung der

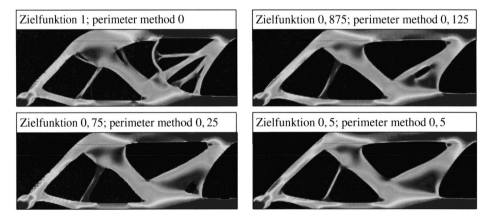

Abb. 2.10: Einfluss der *Perimeter Method* auf die Wandstärken der Steifigkeitsoptimierung. Die Gewichtung zwischen Zielfunktion und *Perimeter Method* ist jeweils angegeben.

Perimeter Method Feinheiten der Lösung und dadurch insbesondere dünnwandige Strukturen größtenteils verschwinden. Durch eine Skalierung mit der Netzfeinheit $h_{\max}$ und der Fläche des *Design Space A* lässt sich Gleichung 2.14 in eine problem- und netzunabhängige Formulierung überführen:

$$P = \frac{h_0 h_{\max}}{A} \int_\Omega |\nabla \rho_{\mathrm{des}}(x)| \, \mathrm{d}\Omega. \tag{2.15}$$

Der Parameter h_0 wird mit der initialen Netzgröße gleichgesetzt und bestimmt die Feinheit der Details in der Lösung.

Der Nachteil dieses Verfahrens ist, dass die minimale Wandstärke nicht explizit vorgegeben, sondern implizit über die Begrenzung der Oberfläche definiert wird. Aus diesem Grund können, selbst bei einer hohen Gewichtung der *Perimeter Method* zur Zielfunktion, dünnwandige Streben erhalten bleiben (siehe Abbildung 2.10 unten links). Dennoch handelt es sich aufgrund der besonders einfachen und skalierbaren Implementierung um die am weitesten verbreitete Methode.

Im Gegensatz dazu gibt es Ansätze wie die *Monotonicity Based Minimum Length Scale* (MOLE) Methode, welche eine explizite Festlegung einer minimalen Längenskala ermöglichen. Dazu wird das Funktional

$$M_d(\rho_{\mathrm{des}}) = \int_\Omega \left[\int_d |\nabla \rho_{\mathrm{des}} \mathrm{d}x| - \left| \int_d \nabla \rho_{\mathrm{des}} \mathrm{d}x \right| \right] \mathrm{d}\Omega \tag{2.16}$$

für eine definierte Längenskala d ausgewertet. Die beiden Terme werden in jedem finiten Element der Simulationsdomäne ausgewertet und über diese integriert. In Abbildung 2.11 ist der Einfluss der Topologie auf die MOLE Methode dargestellt. Für stetige und monotone Bereiche der Länge d nimmt $M_d(\rho_{\mathrm{des}})$ den Wert Null an. Dies gilt für die Punkte A bis D. In allen anderen Bereichen ist das Funktional hingegen streng positiv, verglichen mit den Punkten E bis H, an welchen die minimal Längenskala unterschritten wird. [18]

Es ist jedoch die Richtungsabhängigkeit dieses Ansatzes zu berücksichtigen, sodass $M_d(\rho_{\mathrm{des}})$ im 2D-Fall entlang der vier Richtungen $\alpha = \{e_{10}, e_{01}, e_{11}, e_{1-1}\}$ ausgewertet werden muss:

$$M_d(\rho_{\mathrm{des}}) = \int_\Omega \left[\int_d |\nabla \rho_{\mathrm{des}} \cdot \alpha \, \mathrm{d}x| - \left| \int_d \nabla \rho_{\mathrm{des}} \cdot \alpha \, \mathrm{d}x \right| \right] \mathrm{d}\Omega. \tag{2.17}$$

Ein weiterer Ansatz zur expliziten Vorgabe einer minimalen Längenskala ist die von GUEST et al. vorgestellte *Heaviside Projection Method* (HPM) [19]. Dabei wird die Design-Dichte in den Knotenpunkten definiert und auf Elementen-Dichten ρ_e projiziert. Die Wahl einer geeigneten Projektionsfunktion erzeugt netzunabhängige und von Schachbrettfehlern freie Lösungen.

Der gewichtete Mittelwert μ^e der projizierten Knoten-Dichten ρ_{n} in Ω_ω^e wird beschrieben durch

$$\mu^e(\rho_{\mathrm{n}}) = \frac{\sum_{j \in S_e} \rho_j \omega(x_j - \bar{x}^e)}{\sum_{j \in S_e} \omega(x_j - \bar{x}^e)}. \tag{2.18}$$

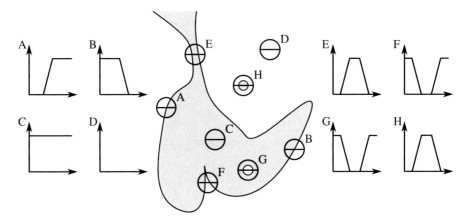

Abb. 2.11: Einfluss der Topologie auf die MOLE Methode nach [18].

Die Gewichtungsfunktion $\omega(x)$ ist in Abbildung 2.12 dargestellt und als

$$\omega\left(x_j - \bar{x}^e\right) = \begin{cases} \frac{r_{\min} - |x_j - \bar{x}^e|}{r_{\min}}, & \text{wenn } x_j \in S_e \\ 0, & \text{sonst} \end{cases} \tag{2.19}$$

definiert. Die zugrunde liegende Idee ist, dass ein Element e genau dann ein *Void*-Element ist, wenn alle Knoten-Dichten in Ω_ω^e gleich $\rho_n^{\min}$ sind. Im Gegensatz dazu erzeugt ein Knoten mit einer Dichte größer als $\rho_n^{\min}$ einen gewichteten Mittelwert μ^e größer als $\rho_n^{\min}$ für alle Elemente, deren Mittelpunkt in einem maximalen Abstand von $r_{\min}$ zu diesem Knoten liegen. Alle diese Elemente sind demnach Material-Elemente, wodurch die minimale Längenskala eingehalten wird.

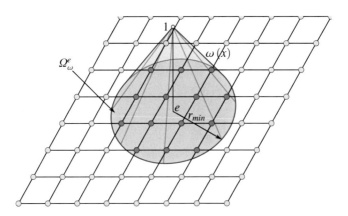

Abb. 2.12: Die Filterung bei der *Heaviside projection Method*. Die Gewichtungsfunktion $\omega(x)$ hat im Element e den Wert 1 und nimmt über die Distanz $r_{\min}$ linear auf 0 ab. Knotenpunkte innerhalb der Domäne Ω_ω^e (rot hervorgehoben) werden für das Projektionsschema von Element e verwendet. Ω_ω^e bleibt bei einer Netzverfeinerung unverändert.

Die Elementen-Dichten werden in Form einer *Heaviside-Step* Funktion durch

$$\rho_e = \begin{cases} 1 & \text{, wenn } \mu^e\,(\rho_\text{n}) > \rho_\text{n}^\text{min} \\ \rho_\text{min}^e & \text{, wenn } \mu^e\,(\rho_\text{n}) > \rho_\text{n}^\text{min} \end{cases} \tag{2.20}$$

beschrieben. Für eine numerische Umsetzung wird für die *Heaviside* Funktion eine glatte Formulierung der Art

$$\rho^e = 1 - e^{-\beta\mu^e(\rho_\text{n})} + \mu^e\,(\rho_\text{n})\,e^{-\beta} \tag{2.21}$$

gewählt, wobei der Parameter β die Krümmung der *Heaviside* Funktion definiert. [19] Durch eine Anpassung der hier beschriebenen HPM lässt sich auf ähnliche Weise die Einhaltung einer maximalen Längenskala realisieren. Für weitere Ausführungen sei der Leser an die Arbeit von CARSTENSEN und GUEST [98] verwiesen.

Dieser und vergleichbare Ansätze, siehe beispielsweise [19, 99–102], werden auch als Dichte-Filter Methoden bezeichnet und ermöglichen eine explizite Vorgabe der minimalen Längenskala. LIU *et al.* [25] geben eine Übersicht über Dichtefilter zur Längenskalenkontrolle.

GUEST stellte eine alternative Methode zur Einhaltung einer maximalen Längenskala vor. [103] Er definierte dazu eine kreisförmige Testregion, deren Durchmesser dem gewünschten maximalen Durchmesser von Strukturkomponenten entspricht. Diese Testregion darf niemals vollständig mit Material gefüllt sein:

$$V_v^e\,(\rho^e) \geqslant V_\text{min}^e, \tag{2.22}$$

wobei V_v^e das Volumen der *Voids* in der Testregion und V_min^e das minimal benötigte Volumen der *Voids* in der Testregion darstellt. Auf diese Weise lassen sich beispielsweise Materialanhäufungen in Steifigkeitsoptimierungen vermeiden.

ZHANG *et al.* [104] verwendeten einen Bildverarbeitungsalgorithmus, um das strukturelle Skelett der Topologie zu identifizieren. Dieses strukturelle Skelett wird genutzt, um die minimalen und maximalen Längenskalen zu berechnen und eine entsprechende Zielfunktion zu definieren, welche Elemente außerhalb der Grenzen bestraft. Auf diese Weise ist es möglich mit einer Formulierung sowohl eine minimale als auch maximale Längenskala zu definieren und beide mit unabhängigen Bestrafungsfaktoren zu versehen. [104]

Wie bereits in Abschnitt 2.1.5 dargestellt, ist die Vermeidung von Schachbrettfehlern ein positiver Nebeneffekt von Längenskalenrestriktionen, wie sie in diesem Abschnitt beschrieben wurden. Die Vorgabe einer minimalen Längenskala führt zu einer Beschränkung des *Design Space*, welche netzunabhängig Schachbrettfehler kleiner als die vorgegebene minimale Längenskala, eliminiert.

2.3.2 Überhänge

Es ist bekannt, dass ab bestimmten Überhangwinkeln in der Additiven Fertigung
Stützstrukturen benötigt werden. Ist ein Überhang kurz genug, bietet die darunter
liegende Schicht noch genügend Unterstützung für das Schmelzbad. Wird der Überhang zu lang, bewegt sich das Schmelzbad undefiniert im unterliegenden Pulver und
sinkt teilweise ins Pulverbett ein, vergleiche mit Abbildung 2.13.

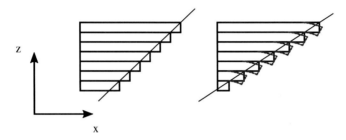

Abb. 2.13: Minimal möglicher Überhangwinkel ohne Stützstrukturen nach [88].

Hinzu kommt, dass die Wärmeleitfähigkeit des Pulvers sehr viel geringer ist,
als die des gefertigten Bauteils. Die vielen Lufteinschlüsse und kleinen Kontaktflächen zwischen den Pulverpartikeln sorgen für die stark isolierenden Eigenschaften
des Pulvers. Ein Großteil der Prozesswärme wird daher durch das Bauteil in die
Bauplattform abgeleitet, während nur ein geringer Teil der Wärmemenge in den
Bauraum abgestrahlt wird. Bei kleinen Überhängen kommt es jedoch zu einem lokalen
Wärmestau, der zu einem partiellen Ansintern darunter liegender Pulverpartikel führt,
sodass deutlich steigende Oberflächenrauheiten zu beobachten sind. Gleichzeitig
sorgen die unterschiedlichen Abkühlraten im Bauteil für Spannungen und thermische
Verzüge des Bauteils, welche das Teil selbst und darüber hinaus sogar die Maschine
beschädigen können. [88, 105–107]

Stützstrukturen erfüllen daher mehrere Funktionen: Die wichtigste Funktion ist
das Ableiten von Prozesswärme zur Bauplattform. Hinzu kommt die Vermeidung
eines Absinkens des Schmelzbades ins Pulverbett sowie das Abfangen thermischer
Spannungen. Es ist jedoch ein wirtschaftliches Problem, dass Stützstrukturen einen
zusätzlichen Kostenfaktor darstellen. Zum Einen muss zusätzliches Pulver aufge-
schmolzen werden, sodass mehr Material verwendet wird und sich die Prozesskosten
durch einen Anstieg der Belichtungszeit erhöhen. Zum Anderen müssen die Stützstrukturen nach dem Prozess entfernt sowie gestützte Oberflächen gefeilt oder gefräst
werden, sodass die Kosten für die Nachbearbeitung steigen. Aus diesen Gründen
stellt die Vermeidung von zu stützenden Überhängen einen wichtigen Punkt im
Konstruktionsprozess dar, um Bauteilkosten zu senken. [108]

Einer der ersten Ansätze zur Vermeidung von kritischen Überhängen stammt aus
der Anpassung von Topologieoptimierungen an die Restriktionen des Metallgusses.
Entlang der Gussrichtung des Bauteils sollen Hinterschneidungen vermieden werden, um die Entfernbarkeit der Gussform sicherzustellen. Der Ansatz basiert auf

einer Orientierung der Design-Dichte eines finiten Elements an seinem Nachbar in Gussrichtung, sodass jedes Element stets eine maximal gleich große Design-Dichte wie sein darunter liegender Nachbar annehmen kann. Das generelle Variationsproblem, siehe Abschnitt 4, wird dazu nach Zhou und Schramm *et al.* [24, 109, 110] umformuliert zu:

$$
\begin{aligned}
\text{Minimiere} \quad & f\left(\rho_{\text{des}}\right), \\
\text{sodass} \quad & f_i \leqslant 0, && i = 1, ..., m, \\
& \left(0 \geqslant \rho_{\text{des}}^i \geqslant \rho_{\text{des}}^j \geqslant ... \geqslant \rho_{\text{des}}^n \leqslant 1\right)_k, && k = 1, ..., K.
\end{aligned} \tag{2.23}
$$

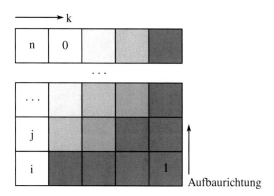

Abb. 2.14: Guss Fertigungsrestriktion nach [24].

ρ_{des}^i bis ρ_{des}^n beschreiben die Design-Dichten in Aufbaurichtung entlang der k-ten Spalte, siehe Abbildung 2.14. Auf diese Weise sind in Aufbaurichtung nur negative Gradienten der Design-Dichte möglich. Offensichtlich werden auf diese Weise implizit gleichzeitig Kavitäten verhindert. Aus der Gussfertigung sind weitere Ansätze mit ähnlichen Ergebnissen bekannt, siehe beispielsweise die „Bedingung an die Design-Geschwindigkeit " [111] oder [112–116]. Durch diese Methoden werden Überhänge komplett verhindert. In der Additiven Fertigung sind diese bis zu einem gewissen Überhangwinkel jedoch fertigbar, vergleiche mit Tabelle 2.1. Dieser ist stark material- und prozessabhängig und liegt für die meisten Materialien im Bereich von ca. 40°, gemessen von der Bauplattform. [28, 88]

Ein ähnlicher Ansatz wurde von Langelaar verfolgt [117, 118]: Um die Überhangrestriktion während der Topologieoptimierung zu berücksichtigen, implementierte er einen schichtweisen Filter, welcher ein *Blueprint*-Design in ein druckbares Design überführt. Zu diesem Zweck wird zusätzlich zum Feld der Design-Variable ρ_{des} ein Feld für die *Blueprint*-Design-Variable ρ_{bp} definiert. Nur Elemente, welche hinreichend durch darunter liegende Elemente gestützt werden, können ohne Stützstrukturen aufgebaut werden. Die erste Schicht ist per Definition durch die Bauplattform gestützt, für alle folgenden Schichten wird jedes Element mit einer

Stützregion S versehen, wie in Abbildung 2.15 dargestellt. Diese besteht aus dem direkt darunter liegenden Element sowie dessen direkten Nachbarelementen. Auf diese Weise wird der kritische Überhangwinkel auf 45° festgelegt. Durch ein anderes Element-Kanten-Verhältnis im Voxel Netz lassen sich auch andere Überhangwinkel realisieren. Alternative Stützregionen, um andere kritische Überhangwinkel auf der gleichen Vernetzung des Rechengebiets abzubilden, wurden von KUO et al. untersucht [119]. Die Design-Variable eines Elements wird nun durch die maximale Dichte der Stützregion limitiert:

$$\rho_{\text{des, e}} \leqslant \max\left(\rho_{\text{des}} \in S_{\text{e}}\right), \tag{2.24}$$

mit der Element-Dichte der nächsten Schicht $\rho_{\text{des, e}}$ und der Stützregion dieses Elements S_{e} [117, 118]. Um diesen Ansatz in eine netzunabhängige Formulierung zu überführen, verwendete HOFFARTH et al. konusförmige Projektionsbereiche, um Stützregionen zu identifizieren [120]. THORE et al. relaxierten diesen Ansatz, um harte Kanten mit Spannungsspitzen zu vermeiden, indem sie ihn zu einem *Penalty*-Ansatz umformulierten [121].

BRACKET et al. stellten einen alternativen Ansatz vor, welcher nach jeder Iteration nach Winkeln sucht, welche den maximalen Überhangwinkel überschreiten und diese bestraft [20]. Dabei handelt es sich jedoch um einen empirischen Ansatz, welcher nicht direkt in die Topologieoptimierung integriert ist. GAYNOR und GUEST implementierten einen auf der HPM basierenden Ansatz (zur vollständigen Beschreibung siehe Abschnitt 2.3.1). Dabei wird zunächst nach dem gleichen Schema vorgegangen, wie in Gleichungen 2.18 bis 2.21 beschrieben. Es wird zudem die Stützvariable ρ_{S} eingeführt, welche feststellt, ob die Überhangrestriktion verletzt wurde [21]. Diese wird als eine Grenzwertprojektion (nach JANSEN et al. [122]) definiert als

$$\rho_{\text{S}}^{i} = \frac{\tanh\left(\beta_{\text{T}} T\right) + \tanh\left(\beta_{\text{T}}\left(\mu_{\text{S}}^{i}\left(\phi\right) - T\right)\right)}{\tanh\left(\beta_{\text{T}} T\right) + \tanh\left(\beta_{\text{T}}\left(1 - T\right)\right)}, \tag{2.25}$$

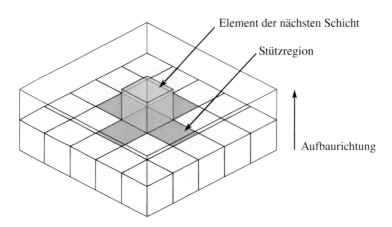

Abb. 2.15: Schichtweise Filterfunktion nach [117].

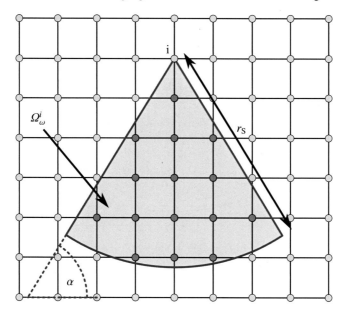

Abb. 2.16: Die *Heaviside Projection Method* in der Anwendung als Überhangrestriktion.

mit dem *Heaviside*-Grenzwertparameter β_T, dem Grenzwert T und dem Mittelwert μ_S der abhängigen Variable ϕ im Stützbereich Ω^S_ω:

$$\mu^i_S = \frac{\sum_{j \in \Omega^i_\omega} \phi^j \omega_S}{\sum_{m \in \Omega^i_\omega} \omega_S}, \tag{2.26}$$

wobei ω_{textS} die Gewichtungsfunktion von Ω^S_ω darstellt, vergleiche Abbildungen 2.12 und 2.16.

ρ_S dient als eine Pseudo-Dichte, welche durch eine Heaviside Projektion zu ρ_{des} wird. Der Grenzwert T gibt den Wert von μ_S an, ab welchem der Punkt i als selbststützend angesehen wird. Eine geeignete Wahl von T ist daher ausschlaggebend, weil sie die Gewichtung der Restriktion beeinflusst. GAYNOR und GUEST geben T daher so an, dass Eigenstützung besteht, sobald für die Hälfte einer Seite von Ω^S_ω für die Hilfsvariable $\phi = 1$ gilt:

$$T = \frac{180°}{2\pi (90° - \alpha)} \frac{h_{max}}{r_S}, \tag{2.27}$$

mit dem maximalen selbststützenden Überhangwinkel und der Netzgröße h_{max}. Die Hilfsvariable ϕ legt für jedes Element i fest, ob Material laut Optimierungsziel vorliegen sollte ($\psi = 1$) und ob Eigenstützung vorliegt ($\rho_S = 1$):

$$\phi^i = \psi^i \cdot \rho^i_S. \tag{2.28}$$

Die Elementendichten ergeben sich nun analog zu Gleichung 2.21 zu

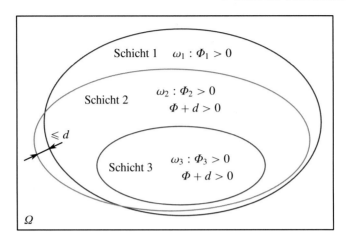

Abb. 2.17: Überhangkontrolle mittels Mehr-Schichten Level-Set-Ansatz, nach [123].

$$\rho^e = 1 - e^{-\beta \mu_S(\phi)} + \mu_S(\phi)\, e^{-\beta}. \tag{2.29}$$

Eine Übertragung dieses Ansatzes auf Wärmeleitungsprobleme wurde von WANG *et al.* durchgeführt [44].

Des Weiteren stellten LIU und TO [123] einen auf der *Level-Set*-Methode basierenden Ansatz zur Überhangsbeschränkung vor. Bei dem beschriebenen Vorgehen werden mehrere *Level-Set* Funktionen definiert, welche die einzelnen Schichten des Bauteils repräsentieren. Diese Schichten werden voneinander abhängig definiert, sodass die Materialverteilung einer höher liegenden Schicht mit einer maximalen Überhanglänge d beschränkt wird (vergleiche Abbildung 2.17). Es wird die modifizierte Schichtdarstellung

$$\begin{aligned} \omega_1 &= \{(x,y)\,|\,\Phi_1(x,y) > 0\} \\ \omega_i &= \{(x,y)\,|\,\Phi_i(x,y) > 0, \Phi_{i-1} + d > 0\,(x,y)\}, \quad i > 1 \end{aligned} \tag{2.30}$$

definiert, mit der Überhanglänge

$$d = \frac{h}{\tan(\alpha)}, \tag{2.31}$$

mit der Schichtstärke h.

Die wohl allgemeinste Formulierung einer Überhangkontrolle stellt der von QIAN vorgestellte Dichtegradientenbasierte Integralansatz dar [124]. Basierend auf der *Perimeter Method* wird zunächst eine *Projected Undercut Perimeter Constraint* (PUP) als

$$P = \int_\Omega H\,(\mathbf{b} \cdot \nabla \rho_{\text{des}})\, \mathbf{b} \cdot \rho_{\text{des}} \mathrm{d}\Omega \tag{2.32}$$

definiert, welche den projizierten Umfang des Überhangs misst. **b** beschreibt den normierten Vektor in Aufbaurichtung.

Da die zusätzliche Restriktion der Überhangkontrolle den Lösungsraum des Optimierungsproblems beschränkt, vergleiche Abschnitt 2.3, verschlechtert sich die Leistungsfähigkeit der optimierten Komponente bezüglich der eigentlichen Zielfunktion, bspw. der Maximierung der Steifigkeit. Um dieses Problem zu umgehen, bzw. eine rationale Abwägung zwischen der Leistungsfähigkeit des Bauteils und den Herstellkosten zu ermöglichen, kombiniert Langelaar die Bauteiltopologie, Stützstrukturgestaltung und Bauteilorientierung in einem Optimierungsalgorithmus. [125]

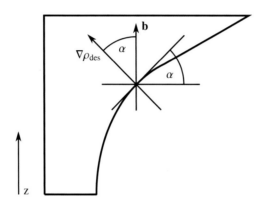

Abb. 2.18: Überhangkontrolle mittels Dichtegradientenbasiertem Integralansatz, nach [124].

2.3.3 Kavitäten und Konnektivität

Geschlossene Kavitäten sind in der Additiven Fertigung mittels LBM generell zu vermeiden, da Pulvereinschlüsse sowie Stützstrukturen nicht entfernbar sind. Solche Einschlüsse würden ein zusätzliches Gewicht oder Unwuchten in die Komponente einbringen. Wie bereits in Abschnitt 2.3.2 beschrieben, werden durch einige Ansätze zur Beschränkung des Überhangwinkels Kavitäten implizit verhindert. Eine explizite Vermeidung lässt sich mit angepassten Ansätzen der Längenskalenkontrolle umsetzen, siehe beispielsweise [126]. Allerdings gelten diese Restriktionen nur für kleine Kavitäten innerhalb der Schranken der Längenskalenkontrolle, während größere Kavitäten grundsätzlich andere Vorgehensweisen erfordern.

Eine generelle Restriktion auf die Existenz von Kavitäten ist mathematisch ausgedrückt eine *Simply Connected Constraint*. LIU *et al.* stellten zu diesem Zweck die VTM vor [23, 48]. Bei dieser Methode werden Kavitäten als virtuell gut Wärme leitende Bereiche mit Wärmequelle angenommen. Gebiete mit Material hingegen stellen einen virtuell gut isolierenden Bereich dar. Die Ränder des *Design Space* werden als Wärme abführende Ränder bei konstanter Temperatur angenommen, siehe Abbildung 2.19.

Auf diese Weise entstehen in geschlossenen Kavitäten ohne Verbindung zum Rand hohe Temperaturen. Hat eine Kavität hingegen eine Verbindung zum Rand, kann die erzeugte virtuelle Wärme abgeführt werden und es entsteht nur eine niedrige virtuelle Temperatur. Eine Beschränkung der Maximaltemperatur $\bar{T}_{max}$ in der Berechnungsdomäne

$$\bar{T}_{max} \leqslant \bar{T} \tag{2.33}$$

kann daher als Kriterium für Kavitäten eingeführt werden, welche als zusätzliche Gleichung in die Formulierung des Optimierungsproblems eingeht. [23, 48]

Obwohl die Methode erfolgreich geschlossene Kavitäten identifizieren konnte, kam es bei dieser Formulierung zu Konvergenzproblemen. Um diese Einschränkung zu überwinden, kann die Zielfunktion in späteren Iterationen eingeschaltet werden, in denen die Topologie bereits begonnen hat, zu einer gut definierten Geometrie zu konvergieren. Aus diesem Grund schlug LI vor, den Gewichtungsfaktor der

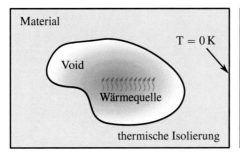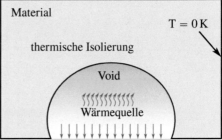

Abb. 2.19: Die *Virtual Temperature Method* nach [23].

Zielfunktion iterativ zu erhöhen, um die Konvergenz zu lokalen Minima zu verhindern [48]. Diese Formulierung verbessert zwar das Konvergenzverhalten der Methode, erfordert jedoch eine problemspezifische, manuelle Anpassung der Gewichtungs- und iterativen Wachstumsfaktoren.

Ansätze zur Identifikation zusammenhängender Gebiete (engl. *connected components*), also der Konnektivität, spielen in der Bildverarbeitung im Bereich der Computer-Vision (z.B. bei Robotik) und der maschinellen Intelligenz eine entscheidende Rolle [128]. In diesem Bereich werden Algorithmen zum *Labeling* von zusammenhängenden Bildbereichen vor allem zur Objekterkennung und -differenzierung in binären Bildern eingesetzt [127]. Dieses Prinzip lässt sich auf Topologieoptimierungen übertragen, wobei die Dichteverteilung im finite Elemente Netz des *Design Space* mit den Grauwerten in den Pixeln eines Bildes vergleichbar ist. Diese Algorithmen sind als *two-scan*-Algorithmen bekannt und wurden zuerst 1976 von ROSENFELD [129] eingeführt. HE *et al.* stellten den HCS Algorithmus vor, welcher das gleichzeitige *Labeling* von *connected components* und Kavitäten ermöglicht [127]. Zu diesem Zweck wird eine Vorwärtsmaske bestehend aus vier benachbarten Pixeln (respektive finiten Elementen) definiert, welche das Bild (respektive *Design Space*) Pixel für Pixel durchläuft, siehe Abbildung 2.20. Diese Vorwärtsmaske kann mit der Netzkonnektivität eines finiten Elements gleichgesetzt werden. Gehört der aktuelle Pixel zu einem Objekt (*connected component* oder Kavität), so weist der Algorithmus diesem ein vorläufiges *Label* zu, sofern keine anderen *Label* in der Maske vorhanden sind, siehe Abbildung 2.21c. Wenn der Pixel jedoch bereits einen gelabelten Nachbarpixel besitzt, so wird er mit dem kleinsten *Label* der Nachbarn beschrieben und in die Liste der äquivalenten *Labels equals* vermerkt, siehe Abbildung 2.21d. Gehört der aktuelle Pixel nicht zu einem Objekt, so wird er nicht gelabelt. Nachdem das gesamte Bild auf diese Weise gescannt wurde, werden die Pixel mit äquivalenten *Labels* neu gelabelt, wie in Abbildung 2.21f dargestellt. Die resultierende Anzahl an einzigartigen *Labels* im Bild identifiziert die Anzahl an nicht verbundenen Objekten im Bild.

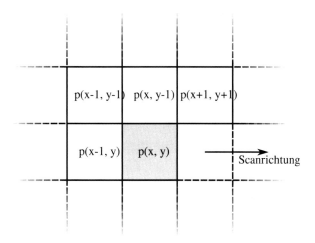

Abb. 2.20: Vorwärtsmaske des HCS Algorithmus nach [127].

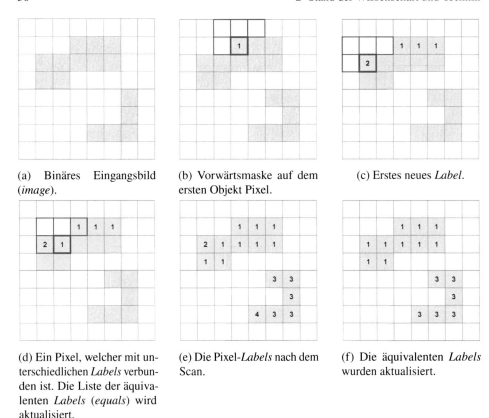

(a) Binäres Eingangsbild (*image*).

(b) Vorwärtsmaske auf dem ersten Objekt Pixel.

(c) Erstes neues *Label*.

(d) Ein Pixel, welcher mit unterschiedlichen *Labels* verbunden ist. Die Liste der äquivalenten *Labels* (*equals*) wird aktualisiert.

(e) Die Pixel-*Labels* nach dem Scan.

(f) Die äquivalenten *Labels* wurden aktualisiert.

Abb. 2.21: Der HCS Algorithmus am Beispiel.

Solche *two-scan*-Algorithmen finden bereits in der Literatur im Kontext der Topologieoptmierung Anwendung. So verfolgten LIN und CHAO einen solchen Ansatz um *B-Splines* aus dem Ergebnis einer Topologieoptimierung zu extrahieren. Auf Basis der *B-Splines* kann daraufhin eine Formoptimierung durchgeführt werden. Diese kann im Gegensatz zur Topologieoptimierung netzunabhängig formuliert werden [130]. KAZAKIS *et al.* [131] verwendeten diesen Ansatz ebenfalls um *B-Splines* aus SIMP getriebenen Topologieoptmierungen zu extrahieren, um deren Weiterverwendung in CAD-Software zu ermöglichen. WANG *et al.* [132] nutzten eine ähnliche Formulierung, um die Konnektivität in einer Optimierung der Topologie basierend auf einem genetischen Algorithmus sicherzustellen.

2.4 Topologieoptimierung zur Kosten- und Zeitminimierung in der Additiven Fertigung

Topologieoptimierung bietet aufgrund der speziellen Formulierung des Konstruktionsproblems die Möglichkeit hocheffiziente Bauteile zu erzeugen. Insbesondere die Minimierung der Masse eines Bauteils bei gleichzeitiger Maximierung einer geforderten Bauteileigenschaft bietet - bei der massenbezogenen Aufbaurate dieses Fertigungsverfahrens - ein großes Potential um Fertigungskosten und -zeit zu minimieren.

Die Vorhersage der exakten Bauzeit und -kosten eines additiv gefertigten Bauteils ist eine komplexe Aufgabe. In der Literatur findet sich kein Modell, welches auf sämtliche additiven Fertigungsprozesse anwendbar ist. Stattdessen müssen die Modelle auf den spezifischen Prozess, das verwendete Material, bis hin zur verwendeten Maschine kalibriert werden, siehe beispielsweise die Arbeit von COSTABILE et al. [133]. Für ein Kostenmodell speziell für das LBM-Verfahren siehe KRANZ [134, S. 174 ff.]. Die Veröffentlichungen haben jedoch gemein, dass als zentrale Treiber der Baukosten und -zeit die geometrischen Merkmale des Bauteils sowie die prozessspezifischen Eigenschaften der Fertigung letztendlich die zur Herstellung notwendige Zeit und Materialmenge bestimmen [108]. Da die Topologieoptimierung lediglich die geometrischen Merkmale der Bauteilkonstruktion beeinflusst, werden nur diese Faktoren weiter untersucht. Generelle Kosten und Zeiten wie sie beispielsweise durch Rüstzeiten der Maschine oder eine nachgelagerte Qualitätssicherung entstehen, bleiben daher unberücksichtigt.

Diesbezüglich bestehen die Kosten, zum einen aus dem Materialaufwand für die Herstellung des Bauteils und den Stützstrukturen des Bauteils, zum anderen aus den Kosten, welche mit der Zeit der Maschinennutzung verbunden sind, siehe Tabelle 2.2. Hinzu kommen der Zeit- und Kostenaufwand für die Nachbearbeitung des Bauteils.

Tabelle 2.2: Treibende Faktoren der Bauzeit im Bauteildesign in der Additiven Fertigung, nach [108].

Bestandteile der Bauzeit	Physikalische Ursache
Zeitaufwand für das Befüllen von Bauteilmaterial	Bauteilvolumen
Zeitaufwand für das Beschichten	Bauteilhöhe
Zeitaufwand für die Belichtung der Außenkontur	Bauteiloberfläche
Zeitaufwand für die Belichtung des Stützstrukturmaterials	Stützstrukturvolumen des Bauteils

Die Reduktion des Bauteilvolumens ist der Kerngedanke der Topologieoptimierung. Dennoch wird zumeist in der Definition des Optimierungsproblems durch die Einführung einer *Volume Fraction*, eine Materialmenge festgelegt, siehe Kapitel 2.1. Die Gesamthöhe des Bauteils beeinflusst die Anzahl an Schichten, aus welchen das Bauteil aufgebaut wird und daher den Zeitaufwand für das Beschichten. In Pulverbettbasierten Verfahren wie dem LBM-Verfahren kann diese Beschichtungszeit einen erheblichen Anteil der gesamten Bauzeit, von etwa 25%, ausmachen [135]. Offensichtlich ist es möglich, die Höhe des Bauteils durch eine Beschneidung des *Design Space* zu limitieren. Dieses Vorgehen ist jedoch nicht praktikabel, da dieser in den meisten Fällen durch eine physikalische Umgebung und nicht editierbare Randbedingungen definiert ist. Statt die Höhe des Bauteils zu begrenzen, lässt sich die Orientierung in der Topologieoptimierung als zusätzliche Design-Variable berücksichtigen [125]. Insbesondere die Bauteiloberfläche sowie das Volumen der Stützstrukturen werden maßgeblich durch die Topologie des Bauteils beeinflusst und sollten daher für eine zeit- und kostenoptimierte Konstruktion unbedingt berücksichtigt werden. [108]

Aus diesem Grund wurden diese beiden Faktoren und die gestützte Fläche des Bauteils als Kostenfaktor der Nacharbeit sowie das Volumen der Stützstrukturen als Materialfaktor von RYAN *et al.* in einem Optimierungsproblem gleichzeitig berücksichtigt [108]. Zu diesem Zweck müssen die folgenden, in den vorigen Abschnitten beschriebenen, Methoden angewendet werden:

Tabelle 2.3: Implementierte Restriktionen zur Kosten- und Zeitminimierung, nach [108] und [136].

Bestandteile der Zielfunktion	Angewandte Methodik
Bauteilvolumen	Steifigkeitsoptimierung, als Formulierung zur Gewichtsminimierung, siehe Abschnitt 2.1.1 Gleichung 2.3
Bauteiloberfläche	*Perimeter Method*, zur Minimierung der Belichtungsdauer der Außenkontur siehe Abschnitt 2.3.1
Supportfläche	HPM, siehe Abschnitt 2.3.2
Supportvolumen	Kombination aus einer richtungsunabhängigen, einer richtungsabhängigen HPM und einer *Peak-Identifikation*, siehe [108]

Kapitel 3
Definition des Forschungsbedarfs

Die vorigen Abschnitte geben eine Übersicht über die Bestrebungen der letzten Jahre, die Restriktionen der Additiven Fertigung in Topologieoptimierungen zu integrieren. In Tabelle 3.1 werden die zuvor beschriebenen Ansätze in Anlehnung an die in Tabelle 2.1 aufgezeigten Restriktionen in Bezug auf ihre Eignung für die verschiedenen physikalischen Zielfunktionen der Steifigkeits-, Strömungs- und Wärmeleitungsoptimierung eingeschätzt.

Aus dieser Übersicht wird deutlich, dass es noch immer sowohl unzureichende Ansätze als auch Lücken bei der Implementierung von Fertigungsrestriktionen für den 3D-Druck gibt. Das Ziel dieser Arbeit ist es daher, alternative Ansätze zu entwickeln und die Lücken zu schließen. Zudem fehlen mitunter Methodiken für den Umgang mit den Ergebnissen aus Topologieoptimierungen, um bestmögliche Bauteile aus diesen abzuleiten. Daher werden in der vorliegenden Arbeit folgende Problemstellungen näher untersucht:

- Entwicklung einer Methodik zur Sicherstellung der Stoffschlüssigkeit in Wärme-leitungsoptimierungen, siehe Kapitel 5 „Stoffschlüssigkeit und die Vermeidung von geschlossenen Kavitäten".
- Entwicklung einer alternativen Methodik zur Vermeidung von geschlossenen Kavitäten mit Anwendbarkeit auf Wärmeleitungsoptimierungen, siehe Kapitel 5 „Stoffschlüssigkeit und die Vermeidung von geschlossenen Kavitäten".
- Entwicklung einer Methodik zum Umgang mit den Ergebnissen von Wärme-leitungsoptimierungen zur Maximierung der Leistungsfähigkeit von Bauteilen, siehe Kapitel 6 „Methodischer Umgang mit der Oberfläche in der Additiven Fertigung".
- Entwicklung einer alternativen Methodik zur Vermeidung von nicht selbststüt-zenden Kanälen in der Strömungsoptimierung, siehe Kapitel 7 „Vermeidung von nicht selbststützenden Kanälen".

Des Weiteren wird der wirtschaftliche Einsatz der entwickelten Methoden und Algorithmen in Kapitel 8 „Wirtschaftlichkeitsbetrachtung" diskutiert und an einer realen Anwendung untersucht.

© Der/die Autor(en), exklusiv lizenziert durch
Springer-Verlag GmbH, DE, ein Teil von Springer Nature 2021
F. Lange, *Prozessgerechte Topologieoptimierung für die Additive Fertigung*,
Light Engineering für die Praxis, https://doi.org/10.1007/978-3-662-63133-1_3

Tabelle 3.1: Ansätze zur Implementierung von Restriktionen der Additiven Fertigung in Topologieoptimierungen und deren Eignung für verschiedene Optimierungsziele.

Eigenschaft	Ansatz	Formulierung	Anwendbarkeit auf Optimierungsziel		
			Steifigkeit	Strömung	Wärmeleitung
Wände und Wandstärken[1]	Perimeter Method	implizit	ja	unnötig[2]	ungeeignet[3]
	Monotonicity Based Minimum Length Scale (MOLE) Method	explizit	ja	unnötig[2]	ja
	Heaviside Projection Method (HPM)	Me-explizit	ja	unnötig[2]	ja
Spaltmaße	Perimeter Method	implizit	ja	nein	ja
	Monotonicity Based Minimum Length Scale (MOLE) Method	explizit	ja	ja	ja
	Heaviside Projection Method (HPM), nach Abschnitt 2.3.1	Me-explizit	ja	nein	ja
Kavitäten	Virtual Temperature Method (VTM)	implizit	ja	ja	nein
Überhänge und Supportstrukturen	Heaviside Projection Method (HPM), nach Abschnitt 2.3.2	Me-explizit	ja	ja	ja

Fertigungsrestriktion	Verfahren			
Materialanhäufung	Projected Undercut Perimeter Constraint (PUP), implizit	ja	ja	ja
	maximum length scale constraint, explizit nach Abschnitt 2.3.1	ja	ja	ja
Radien	keine bekannt	-	-	-
Bohrungen und Kanäle	Heaviside Projection Method (HPM), nach Abschnitt 2.3.2 explizit	unnötig[4]	teilweise[5]	unnötig[4]
Stoffschlüssigkeit[6]	keine bekannt	unnötig[7]	unnötig[7]	-

[1] Sämtliche in Abschnitt 2.3.1 beschriebenen Ansätze zur Längenskalenkontrolle beziehen sich lediglich auf die Einhaltung einer definierten Minimalwandstärke. Weitere Restriktionen bezüglich der Auslegung von Wänden bleiben jedoch unberücksichtigt. Beispielsweise sollten zudem Kerben vermieden werden, da thermisch induzierte Spannungen an diesen Stellen zum Abbruch des Baujobs führen können, vergleiche Tabelle 2.1. Insbesondere Wärmeleitungsoptimierungen streben jedoch zur Verbesserung der Wärmeübertragung eine Oberflächenmaximierung an und führen daher implizit zu einer Vervielfachung der Kerben auf der Oberfläche. Kerbspannungen werden auch bei Steifigkeitsoptimierungen nicht minimiert - es lassen sich jedoch zusätzliche Restriktionen zur Vermeidung von lokalen Spannungsspitzen implementieren. [137–139]

[2] Bei herkömmlichen Topologieoptimierungen für strömungsmechanische Problemstellungen ist eine Einbringung von Wandstärkenrestriktionen nicht sinnvoll, da die zugrunde liegende Formulierung Bereiche außerhalb der Strömungskanäle als Festmaterial annimmt (siehe dazu Abschnitt 4.3.2).

[3] Eine implizite Beschränkung der Wandstärken steht bei Topologieoptimierungen für Wärmeleitungsprobleme der eigentlichen Zielfunktion entgegen. Auf diese Weise verringert eine solche Beschränkung lediglich die Komplexität des Ergebnisses, ohne jedoch zu weniger Verletzungen von Wandstärkenrestriktionen zu führen, siehe Abschnitt 4.3.3.

[4] Kanäle bilden sich lediglich in Strömungsoptimierungen, nicht jedoch in reinen Steifigkeits-, bzw. Wärmeleitungsoptimierungen aus. Des Weiteren sollten Bohrungen bereits vor der Optimierung definiert werden (beispielsweise als *Non-Design Space*) und gehen daher nicht in die Betrachtung ein.

[5] Die Anwendung der HPM auf Strömungsoptimierungen ist prinzipiell möglich, siehe beispielsweise [140], um druckbare Ergebnisse zu erzeugen. Dennoch verändert sich dadurch die Kanalform grundlegend und es bietet sich daher eine Suche nach alternativen Kriterien an.

[6] Die Stoffschlüssigkeit als solche stellt keine der in Tabelle 2.1 erwähnten Restriktionen der Additiven Fertigung dar. Vielmehr handelt es sich um ein Problem, welches aus der Formulierung des Topologieoptimierungsproblems entstehen kann. Um additive Fertigbarkeit sicherzustellen muss die resultierende Topologie der Simulation verbunden sein, da es sich sonst nicht mehr um ein geschlossenes Bauteil handelt.

[7] Die Stoffschlüssigkeit des Ergebnisses einer topologischen Strömungsoptimierung ist der Problemformulierung inhärent und muss daher nicht weiter betrachtet werden. Für topologische Steifigkeitsoptimierungen gilt dies, bei geeigneter Definition der Randbedingungen, ebenso. Bei topologischen Wärmeleitungsoptimierungen hingegen ist die Konnektivität der resultierenden Geometrie, trotz geeigneter Definition der Randbedingungen, häufig nicht erfüllt.

Kapitel 4
Verfahren und Methoden

Dieses Kapitel beschreibt zunächst die zugrunde liegenden Differentialgleichungen und numerischen Aspekte der Topologieoptimierung für die Anwendung in den Bereichen Strömungsmechanik, Wärmeleitung und Strukturmechanik. Zudem wird auf die unterschiedlichen Möglichkeiten der Einbringung von Restriktionen in die Simulationen eingegangen und deren Vor- und Nachteile aufgezeigt.

In Bezug auf die allgemeine mathematische Beschreibung von Restriktionen in Variationsproblemen (Optimierungsproblemen) sowie deren numerische Implementierung, hat sich die Bezeichnung *Constraint* - Beschränkung oder Bedingung - durchgesetzt. In der Fertigungstechnik spricht man hingegen von *Restrictions* - (Fertigungs-)Restriktionen -, um deren numerische Implementierung in Form von Beschränkungen es in dieser Arbeit geht. Im Folgenden werden diese Begriffe daher synonym verwendet.

4.1 Das Variationsproblem

Das zu lösende Problem stellt sich als nicht lineares Optimierungsproblem der Art

$$
\begin{aligned}
&\text{Minimiere} && f_0, \\
&\text{sodass} && f_i \leqslant 0, && i = 1, ..., m, \\
&&& \zeta_j^{\min} \leqslant \zeta_j \leqslant \zeta_j^{\max}, && j = 1, ..., n,
\end{aligned}
\tag{4.1}
$$

dar. Wobei f_0 die Zielfunktion darstellt, f_i *Constraints* sind, m die Anzahl der Beschränkungen und ζ ein Vektor bestehend aus n Design-Variablen ζ_j ist [46,93,141].

Um die optimale Topologie für eine gegebene Zielfunktion unter Berücksichtigung von Beschränkungen zu finden, wird die *Material Distribution Method* verwendet. Es wird die Design-Dichte ρ_{des} eingeführt, welche Werte zwischen Null - kein Material (engl. *Void*) - und Eins - Vollmaterial (engl. *Solid*) - für jedes finite Element annimmt. Zu diesem Zweck wird jedem finiten Element eine Design-Variable ζ_j zugewiesen, sodass sich ein vieldimensionaler Lösungsraum ergibt. Die Einführung eines Strafschemas ermöglicht es ρ_{des} in seine Grenzen zu zwingen. Auf diese Weise werden zwischenliegende Werte, welche für physikalisch unrealistische Dichtewerte stehen würden, unterdrückt. Dadurch resultiert die Topologieoptimierung in klaren Formen und die Übergangsschicht zwischen *Void* und *Solid* bleibt auf eine Breite von wenigen finiten Elementen beschränkt. Dieses Vorgehen bezeichnet man als SIMP Methode. [142]

© Der/die Autor(en), exklusiv lizenziert durch
Springer-Verlag GmbH, DE, ein Teil von Springer Nature 2021
F. Lange, *Prozessgerechte Topologieoptimierung für die Additive Fertigung*,
Light Engineering für die Praxis, https://doi.org/10.1007/978-3-662-63133-1_4

4.2 Restriktionen in Variationsproblemen

Auf Basis geometrischer Entitäten lassen sich Restriktionen bzw. Bedingungen in Punkt- (engl. *point*), verteilte (engl. *distributed*) und globale (engl. *global*) Restriktionen unterteilen. Beispielsweise stellen sich Randbedingungen in einem 1D Problem als Beschränkungen in einem isolierten Punkt dar. Eine Bedingung, die in jedem Punkt erfüllt sein soll, lässt sich stattdessen als eine verteilte Bedingung beschreiben. Eine globale Bedingung spezifiziert eine Norm - zumeist in Form eines Integrals - der Lösung, siehe dazu Abbildung 4.1. [141]

Zudem lassen sich diese Bedingungen in Gleichheits- und Ungleichheits-Bedingungen unterteilen. Eine bekannte Ungleichheits-Bedingung in der Strukturmechanik ergibt sich in der Kontaktmechanik. Die Lücke zwischen zwei sich berührenden Objekten muss nicht-negativ sein. [143, 144]

Das Optimierungsproblem

$$\text{Minimiere} \quad f(x),$$
$$\text{sodass} \quad g(x) = 0, \tag{4.2}$$

wird nach [141] durch das Finden der Lösung der erweiterten Zielfunkion

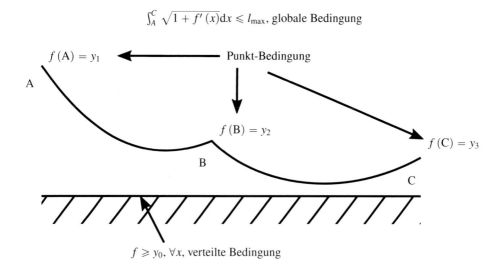

$$\int_A^C \sqrt{1 + f'(x)}\,\mathrm{d}x \leq l_{max}, \text{globale Bedingung}$$

$f(A) = y_1$ ⟵ Punkt-Bedingung

A

$f(B) = y_2$

$f(C) = y_3$

B

C

$f \geq y_0, \forall x$, verteilte Bedingung

Abb. 4.1: Arten von Restriktionen am Beispiel der Minimierung der potentiellen Energie eines Kabels. Punkt-Bedingung: Das Kabel ist an den Rändern A und C auf definierten Höhen aufgehängt. Des Weiteren ist das Kabel am Punkt B auf der festgelegten Höhe y_2 fixiert. Verteilte Bedingung: Das Kabel sollte an keinem Punkt die Höhe y_0 unterschreiten. Globale Bedingung: Das Kabel sollte die Maximallänge l_{max} nicht überschreiten.

$$\mathcal{L}(x, \lambda) = f(x) + \lambda g(x) \tag{4.3}$$

hinsichtlich der Koordinate x und des LAGRANGE-Multiplikators λ gelöst. Diese Idee wird in der Variationsrechnung ebenfalls verwendet. Angenommen, es besteht folgendes Problem:

$$
\begin{gathered}
\text{Finde die Funktion } u(x), \text{ welche } D[u(x)] = \int_a^b F(x, u, u') \text{ minimiert,} \\
\text{sodass } g(x, u, u') = 0, \forall x.
\end{gathered}
\tag{4.4}
$$

In diesem Fall ist $g(x, u, u') = 0$ eine verteilte Bedingung, welche in jedem Punkt erfüllt sein muss. Daher erhält jeder Punkt seinen eigenen LAGRANGE-Multiplikator, sodass sich λ als eine Funktion darstellt. Das erweiterte Funktional ergibt sich daher zu

$$D[u(x), \lambda(x)] = \int_a^b [F(x, u, u') + \lambda(x) g(x, u, u')] \, \mathrm{d}x. \tag{4.5}$$

Auf diese Weise wird das beschränkte Variationsproblem für das Feld $u(x)$ in ein unbeschränktes Variationsproblem der Felder $u(x)$ und $\lambda(x)$ überführt.

Analog ergibt sich für die globale Bedingung

$$\int_a^b g(x, u, u') \, \mathrm{d}x = G \tag{4.6}$$

das erweiterte Funktional zu

$$D[u(x), \lambda] = \int_a^b F(x, u, u') \, \mathrm{d}x + \lambda \left[\int_a^b g(x, u, u') \, \mathrm{d}x - G \right], \tag{4.7}$$

wobei λ an dieser Stelle keine Funktion, sondern eine Konstante ist. Schlussendlich wird eine Punkt-Bedingung in gleicher Form, unter Zuhilfenahme einer DIRAC-Funktion formuliert:

$$\int g(x, u, u') \, \delta(x - x_0) \, \mathrm{d}x = 0. \tag{4.8}$$

Nebenbedingungen erzeugen eine zusätzliche Komplexität in der numerischen Formulierung. Eine LAGRANGE-Multiplikator Implementierung zerstört die positive Definitheit der HESSE-Matrix. Insbesondere für nichtlineare Bedingungen existiert eine zusätzliche Gefahr für das Auftreten singulärer Matrizen während der nichtlinearen Iteration. Dies führt besonders bei verteilten und globalen Bedingungen zu numerischen Problemen. An dieser Stelle ist eine besonders gute Initial-Schätzung (engl. *initial guess*) notwendig, welche die Beschränkung nicht verletzt - also ein Start im Lösungsraum. Häufig lässt sich dies durch eine initiale Rechnung ohne Nebenbedingung gewährleisten.

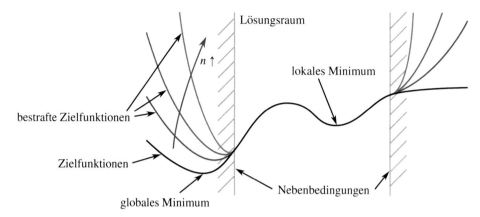

Abb. 4.2: Einfluss des *Penalty* Faktors auf das Zielfunktional: Das globale Minimum befindet sich in einem Bereich des Lösungsraums, welcher durch eingebrachte Nebenbedingungen verboten ist. Es ist zu erkennen, wie die *Penalty* Methode für steigende *Penalty* Faktoren ein Überschreiten der Nebenbedingungen zunehmend stärker bestraft, jedoch nicht verhindert (globales Minimum befindet sich dennoch im verbotenen Bereich).

Die *Penalty Methode* ersetzt den Term des LAGRANGE-Multiplikators durch einen Term, welcher eine Verletzung von Nebenbedingungen bestraft. Am Beispiel der globalen Bedingung ergibt sich die bestrafte Zielfunktion

$$D_n \left[u \left(x \right) \right] = \int_a^b F \left(x, u, u' \right) \mathrm{d}x + \frac{n}{2} \left[\int_a^b g \left(x, u, u' \right) \mathrm{d}x - G \right]^2 . \qquad (4.9)$$

Wenn der *Penalty* Faktor n groß gewählt wird, dominiert der zweite Term das Optimierungsproblem und es wird notwendig die Nebenbedingung einzuhalten, um das gesamte Funktional zu minimieren. Diese Methodik besitzt entscheidende numerische Vorteile und sorgt für ein deutlich verbessertes Konvergenzverhalten. Auf der anderen Seite wird jedoch nur eine Überschreitung der Nebenbedingung bestraft, die Nebenbedingung jedoch nicht exakt eingehalten, siehe Abbildung 4.2. Um das zu erreichen müsste der *Penalty* Faktor auf unendlich gesetzt werden, was jedoch numerisch nicht möglich ist. Außerdem sorgt ein hoher *Penalty* Faktor dafür, dass die Lösung sich zu sehr auf die Einhaltung der Nebenbedingung konzentriert, was auf Kosten der Optimalität der Lösung geht. Die richtige Einstellung des *Penalty* Faktors ist somit die entscheidende Herausforderung dieser Methode. [145]

Zuletzt stellt die *Augmented Lagrangian Method* eine Kombination der beiden Methoden dar, welche entwickelt wurde, um die Vorteile der Methoden auszunutzen und gleichzeitig die Nachteile zu umgehen. Erneut ergibt sich am Beispiel einer globalen Bedingung die Zielfunktion zu

$$D_{n,\lambda}\left[u\left(x\right),\lambda\right] = \int_a^b F\left(x,u,u'\right) \mathrm{d}x + \lambda \left[\int_a^b g\left(x,u,u'\right) \mathrm{d}x - G\right]$$

$$+ \frac{n}{2}\left[\int_a^b g\left(x,u,u'\right) \mathrm{d}x - G\right]^2. \tag{4.10}$$

Durch eine langsame Steigerung des LAGRANGE-Multiplikators wird die Einhaltung von Nebenbedingungen erreicht, während der *Penalty* Faktor klein gehalten wird. [146, 147]

4.3 Beschreibende Gleichungen

Die Topologieoptimierung ist eine Art der Strukturoptimierung, welche nach der optimalen Verteilung von Material sucht [148]. Im Rahmen der vorliegenden Arbeit wurde für die unterschiedlichen Ziele der Steifigkeits-, Strömungs- und Wärmeleitungsoptimierung die wohl bekannteste Material-Verteilungsmethode, die SIMP-Methode, verwendet [8]. Diese lässt sich auf jedes der drei Optimierungsziele anwenden, wie nachfolgend beschrieben.

4.3.1 Steifigkeitsoptimierung

Die Zielfunktion der Steifigkeitsoptimierung stellt, wie in Gleichung 2.2 beschrieben, die Minimierung der Nachgiebigkeit der Struktur dar. Dies lässt sich auch als Integral der Formänderungsenergie W_S über den *Design Space*

$$\xi_1 = \frac{1}{W_{S0}} \int_\Omega W_S \mathrm{d}\Omega \qquad (4.11)$$

verstehen. Man spricht von der Formänderungsenergiedichte, welche hier für den 2D-Anwendungsfall dargestellt ist. Diese wird durch die initiale Formänderungsenergie W_{S0} auf 1 normiert um eine gleichmäßige Skalierung der Zielfunktion gegenüber anderen Zielfunktionen zu ermöglichen. Zur Vermeidung des in Abschnitt 2.1.5 beschriebenen *Checkerboard*-Effekts sowie zur Längenskalenkontrolle, wird die Zielfunktion um den Term der *Perimeter Method*

$$\xi_2 = \frac{h_0 \cdot h_{\max}}{A} \int_\Omega |\nabla \rho_{\mathrm{des}}(x)|^2 \mathrm{d}\Omega, \qquad (4.12)$$

in seiner netzunabhängigen Form, erweitert. Dabei stehen h_0 für die initiale und $h_{\max}$ für die aktuelle minimale Elementgröße des Berechnungsnetzes, während die Gleichung mittels der Fläche des *Design Space* A normiert wird. Dies stellt die Unveränderlichkeit der *Perimeter Method* gegenüber Netzverfeinerungen sicher. [149] Die Zielfunktion ξ stellt sich demnach als

$$\begin{aligned} \xi = (1-q) \cdot \xi_1 + q \cdot \xi_2 &= (1-q) \cdot \frac{1}{W_{S0}} \int_\Omega W_S \mathrm{d}\Omega \\ &+ q \cdot \frac{h_0 \cdot h_{\max}}{A} \int_\Omega |\nabla \rho_{\mathrm{des}}(x)|^2 \mathrm{d}\Omega \end{aligned} \qquad (4.13)$$

dar, wobei q die Gewichtung der Terme zueinander ermöglicht.

Zur Implementierung des Bestrafungsschemas wird die *Modified Solid Isotropic Material with Penalization (*ModSIMP*)* Methode verwendet, um das E-Modul für Design-Dichten zwischen Null und Eins zu definieren:

$$E\left(\rho_{\text{des}}\right) = E_{\min} + \rho_{\text{des}}^{n} \cdot \left(E - E_{\min}\right). \tag{4.14}$$

Dabei beschreibt $E_{\min}$ eine untere Grenze für den E-Modul, um numerische Instabilitäten zu vermeiden. E stellt den E-Modul des zugrunde liegenden Materials und p den *Penalty* Faktor der ModSIMP Methode dar, welcher die Steigung des Übergangs von *Void* zu *Solid* bestimmt. Um die triviale Lösung des Füllens des gesamten *Design Space* mit Material auszuschließen, wird ein minimaler Flächenanteil γ

$$0 \leqslant \frac{1}{A} \cdot \int_{\Omega} \rho_{\text{des}} d\Omega \leqslant \gamma \tag{4.15}$$

vorgegeben. Das resultierende Problem der Topologieoptimierung mit der zugrunde liegenden Physik der Linearen Elastizität beschreibt sich wie folgt

$$
\begin{aligned}
\text{Minimiere} \quad & \xi, \\
\text{sodass} \quad & \mathbf{Ku} = \mathbf{F} \\
& 0 \leqslant \frac{1}{A} \cdot \int_{\Omega} \rho_{\text{des}} d\Omega \leqslant \gamma \\
& 0 < \rho_{\text{des}} \leqslant 1
\end{aligned}
\tag{4.16}
$$

mit der Verschiebung $\mathbf{u}$, dem Steifigkeitstensor $\mathbf{K}\left(\rho_{\text{des}}\right) = E\left(\rho_{\text{des}}\right) \mathbf{K}^{0}$ und dem Lastvektor $\mathbf{F}$.

4.3.2 Strömungsoptimierung

Zur Berechnung des Strömungsfeldes wird die stationäre NAVIER-STOKES-Gleichung

$$\rho\left(\mathbf{v} \cdot \nabla\right) \mathbf{v} = -\nabla p + \nabla \cdot \eta\left(\left(\nabla \mathbf{v}\right) + \left(\nabla \mathbf{v}\right)^{\mathrm{T}}\right) + F \tag{4.17}$$

gelöst. Dabei steht ρ für die Dichte des Fluids, $\mathbf{v}$ für den Geschwindigkeitsvektor, p für den Druck, η für die dynamische Viskosität und F für den Quellterm. Des Weiteren gilt die Massenerhaltung nach

$$\rho \nabla \cdot \left(\mathbf{v}\right) = 0. \tag{4.18}$$

Die vorrangige Zielfunktion einer Strömungsoptimierung stellt die Minimierung der Hydraulischen Verlustleistung (engl. *Hydraulic Power Dissipation*) dar [150]. Die gesamte Verlustleistung im strömungsmechanischen System ist gegeben durch [51]

$$\Phi = \int_{\Omega} \frac{1}{2} \eta \sum_{i,j} \left(\frac{\partial v_i}{\partial x_j} + \frac{\partial v_j}{\partial x_i}\right)^2 + \sum_{i} \alpha\left(\rho_{\text{des}}\right) v_i^2 d\Omega \tag{4.19}$$

wobei $\alpha\left(\rho_{\text{des}}\right)$ für die Inverse der lokalen Permeabilität steht, welche durch die konvexe Interpolation

$$\alpha\left(\rho_{\text{des}}\right) = \alpha_{\max} \cdot \frac{n \cdot \rho_{\text{des}}}{n + \left(1 - \rho_{\text{des}}\right)} \tag{4.20}$$

gegeben ist. Mit dem Quellterm

$$F = -\alpha_{\max} \mathbf{v} \tag{4.21}$$

wird eine volumetrische Kraft auf Elemente mit $\rho_{\text{des}} > 0$ ausgewirkt, welche das Fluid verlangsamt und das Verhalten eines porösen Mediums simuliert. Der *Penalty* Faktor n wird zwischen 0 und 1 gewählt und reguliert den Anstieg von F als eine Funktion von ρ_{des}. Da die DARCY-Zahl Da das Verhältnis zwischen viskoser und poröser Reibung beschreibt, eignet sie sich, um eine geeignete Wahl für $\alpha_{\max}$ zu treffen [150, 151]

$$Da = \frac{\eta}{\alpha_{\max} l^2}, \tag{4.22}$$

wobei DARCY-Zahlen der Größenordnung $Da \leqslant 10^{-5}$ nahezu undurchlässige feste Materialien liefern [152]. l steht für die charakteristische Länge des strömungsmechanischen Systems. Um die triviale Lösung des materialfreien *Design Space* auszuschließen, wird ein minimaler Flächenanteil γ

$$\frac{1}{A} \cdot \int_{\Omega} \rho_{\text{des}} d\Omega \geqslant \gamma \tag{4.23}$$

vorgegeben. Das resultierende Topologieoptimierungsproblem stellt sich dementsprechend folgendermaßen dar:

$$
\begin{aligned}
\text{Minimiere} \quad & \Phi, \\
\text{sodass} \quad & \rho\left(\mathbf{v} \cdot \nabla\right)\mathbf{v} = -\nabla p + \nabla \cdot \eta\left(\left(\nabla\mathbf{v}\right) + \left(\nabla\mathbf{v}\right)^{\mathrm{T}}\right) + F, \\
& \rho\nabla \cdot \left(\mathbf{v}\right) = 0, \\
& \frac{1}{A} \cdot \int_{\Omega} \rho_{\text{des}} d\Omega \geqslant \gamma, \\
& 0 < \rho_{\text{des}} \leqslant 1.
\end{aligned}
\tag{4.24}
$$

4.3.3 Wärmeleitungsoptimierung

Für die Berechnung der Wärmeleitung wird die Energieerhaltungsgleichung gelöst. Für den statischen Wärmetransport ist die Wärmeleitung durch das FOURIER-Gesetz

$$-\nabla \cdot \left(k\nabla \mathrm{T}\right) = Q \tag{4.25}$$

gegeben, wobei k für die Wärmeleitfähigkeit, T für die Temperatur und Q für die volumetrische Wärmequelle steht [153].

Die Zielfunktion, p_1, ist für dieses Problem die Minimierung der durchschnittlichen Temperatur des *Design Space* Ω bei einer konstanten Wärmeerzeugung, was äquivalent zu einer Maximierung der Wärmeleitung des *Design Space* ist [142, 154] :

$$\Psi_1 = \int_\Omega k_{\text{SIMP}} \left(\nabla T\right)^2 d\Omega. \tag{4.26}$$

k_{SIMP} stellt eine modifizierte Wärmeleitfähigkeit als eine Funktion von ρ_{des} durch die Anwendung der SIMP Methode dar [155, 156]:

$$k_{\text{SIMP}} \left(\rho_{\text{des}}\right) = \left(k_{\text{s}} - k_{\text{min}}\right) \cdot \rho_{\text{des}}^n + k_{\text{min}}. \tag{4.27}$$

Mit der Wärmeleitfähigkeit des Festkörpers k_{s} und dem Minimalwert der Wärmeleitfähigkeit k_{min}, welche herkömmlicherweise $0,001 \cdot k_{\text{s}}$ gewählt wird und dem *Penalty* Faktor n. Mit dieser Formulierung geht $k_{\text{SIMP}} \to k_{\text{min}}$ für $\rho_{\text{des}} \to 0$ und $k_{\text{SIMP}} \to k_{\text{s}}$ für $\rho_{\text{des}} \to 1$.

Da eine aktive Kühlung mit einem Fluid angestrebt wird, ist eine Einführung einer Limitierung für den Festkörperanteil (egnl. *Solid Area Fraction*) γ in dem *Design Space A* sinnvoll, beschrieben durch

$$0 \leqslant \int_\Omega \rho_{\text{des}} d\Omega \leqslant \gamma A, \tag{4.28}$$

um dem Fluid eine freie Bewegung zu ermöglichen. Die *Perimeter Method* wird in ihrer problem- und netzunabhängigen Formulierung genutzt, um eine implizite Beschreibung der Feinheit der Lösung und minimalen Längenskala zu erhalten sowie Schachbrettfehler zu vermeiden, vergleiche mit den Abschnitten 2.1.5 und 2.3.1:

$$\Psi_2 = \frac{h_0 h_{\text{max}}}{A} \int_\Omega \left|\nabla \rho_{\text{des}} \left(x\right)\right|^2 d\Omega. \tag{4.29}$$

Der Parameter h_0 bestimmt die Feinheit der Details in der Lösung, während h_{max} die aktuelle Netzgröße beschreibt. Wie bereits in 2.3.1 beschrieben, kann der Parameter h_0 genutzt werden, um die Gleichung 4.29 so anzupassen, dass die Fertigungsrestriktionen bezüglich der minimalen Wandstärke eingehalten werden. Zudem verhindert die *Perimeter Method* die Entstehung von Schachbrett-Fehlern in der Lösung, siehe Abschnitt 2.1.

Als Zielfunktion Ψ_0 wird eine Linearkombination der Zielfunktionen, kontrolliert durch den Gewichtungsparameter q festgelegt

$$\Psi = \left(1 - q\right) \cdot \int_\Omega k_{\text{SIMP}} \left(\nabla T\right)^2 d\Omega + q \cdot \frac{h_0 h_{\text{max}}}{A} \int_\Omega \left|\nabla \rho_{des} \left(x\right)\right|^2 d\Omega, \tag{4.30}$$

sodass sich das resultierende Topologieoptimierungsproblem folgendermaßen darstellt:

$$\begin{aligned}
\text{Minimiere} \quad & \Psi \\
\text{sodass} \quad & -\nabla \cdot (k\nabla \text{T}) = Q, \\
& 0 \leqslant \frac{1}{A} \cdot \int_{\Omega} \rho_{\text{des}} \mathrm{d}\Omega \leqslant \gamma, \\
& 0 < \rho_{\text{des}} \leqslant 1.
\end{aligned} \tag{4.31}$$

4.4 Optimierungsalgorithmus und Softwareumgebung

Zur Lösung der Optimierungsprobleme wird die MMA verwendet, welche 1987 von SVANBERG entwickelt wurde [93, 157]. Diese gradientenbasierte Methode interpoliert das Optimierungsproblem durch konvexe Sub-Probleme (je innerer Iteration), welche per Definition nur globale Minima aufweisen. Die Interpolation wird mit Hilfe der sogenannten bewegten Asymptoten (engl. *Moving Asymptotes*) gesteuert. Auf diese Weise kann die Konvergenz des gesamten Prozesses stabilisiert und beschleunigt werden. Die MMA stellt ein robustes Verfahren dar und eignet sich daher besonders für die Anforderungen der Topologieoptimierung [158]. Für eine detaillierte mathematische Beschreibung der MMA, empfiehlt sich eine Studie der Arbeit von SVANBERG [159].

Für die in der vorliegenden Arbeit angestrebten Entwicklungen ist zu berücksichtigen, dass es sich um ein gradientenbasiertes Optimierungsverfahren handelt. Es ist daher zielführend Funktionen oder Restriktionen zu entwickeln, welche einen berechenbaren Gradienten aufweisen. Für die Berechnung der Gradienten von Zielfunktionen oder Nebenbedingungen, welche sich aus Differentialgleichungen ergeben, verwendet man für gewöhnlich die Adjungierten Methode. [160] Für einfache Funktionen kommen zudem analytische Ableitungen zur Anwendung. Lässt sich eine Zielfunktion lediglich in diskreten Werten berechnen, siehe beispielsweise Abschnitt 5.3, so muss der Gradient manuell bestimmt, beispielsweise mittels Finite Differenzen Methode (FDM) und der Optimierung zur Verfügung gestellt werden.

Sämtliche in der vorliegenden Arbeit implementierten Topologieoptimierungen werden in der kommerziellen Simulationssoftware Comsol Multiphysics 5.3a umgesetzt. Dabei handelt es sich um eine Finite Elemente Methode (FEM) Software, welche sich dadurch insbesondere für die vorgestellten Steifigkeits- und Wärmeleitungsoptimierungen eignet. Bei den Strömungsoptimierungen ist jedoch mit vergleichsweise höheren Rechenzeiten zu rechnen, als beispielsweise bei Finite Volumen Methode (FVM) Softwares. Hier muss die notwendige Auflösung besonders sorgfältig gegen die Rechenzeit gewichtet werden.

Die Software bietet umfangreiche Möglichkeiten bei der Implementierung von Optimierungen, darunter viele Funktionen für Topologieoptimierungen. Zudem bietet es die Möglichkeit auf vergleichsweise einfache Weise verschiedene Physiken, wie beispielsweise Strömungsmechanik und Wärmeleitung, miteinander zu koppeln. Dies eröffnet das Feld der multiphysikalischen Optimierung, welche jedoch in der vorliegenden Arbeit nicht weiter untersucht werden. Im Laufe der Anfertigung dieser

Arbeit ist bereits Comsol Multiphysics 5.5 erhältlich. Diese Version bietet Werkzeuge neben einer vereinfachten Implementierung von Topologieoptimierungen weitere Entwicklungen im Bereich der Rechenzeitoptimierung und sollte daher für zukünftige Optimierungen bevorzugt werden. [161]

4.5 Vereinfachungen und Annahmen

Es ist bekannt, dass die Implementierung eines Strafschemas zu einer Nicht-Konvexität des Optimierungs-Problems führt und die Lösung dazu neigt, in Richtung eines lokalen Minimums zu konvergieren (siehe beispielsweise mit [19] oder [162] für eine Untersuchung in Bezug auf Wärmeleitungsoptimierungen). Aus Gründen der Sicherstellung der Fertigbarkeit, ist eine Anwendung dennoch zielführend. Die Verwendung der von PETERSSON und SIGMUND vorgestellten *Continuation Method* reduziert die Wahrscheinlichkeit zu einem lokalen Minimum zu konvergieren. Bei dieser Methode wird das Optimierungsproblem zunächst für den *Penalty* Faktor $n = 1$ gelöst. Anschließend wird der Faktor schrittweise erhöht, wobei jeweils die vorige Lösung als Anfangsbedingung für die Berechnung verwendet wird. [75]

Weiterhin wurden folgende Annahmen für die Simulation getroffen:

- Die Strömungen sind inkompressibel und laminar.
- Die Grenzfläche zwischen Vollmaterial und Umgebung bzw. Fluid wird in den vorliegenden Simulationen nicht als explizite, parametrisierte Kurve beschrieben. Aufgrund der Verwendung der SIMP-Methode wird die Grenzfläche stattdessen implizit durch eine Iso-Linie, bzw. Iso-Fläche der Design-Variable ρ_{des} festgelegt.
- Grenzschichteffekte werden in den Strömungsoptimierungen ausreichend gut durch die implementierte Bremsfunktion abgebildet: GUEST und PRÉVOST [163] zeigten, dass die Annahme einer niedrigen Permeabilität im Festkörper-Bereich zu einer Konvergenz der Lösung zu einer schlupffreien Wandbedingung führen. Zusätzliche Wandbedingungen an der Fluid-Festkörper Oberfläche sind daher nicht notwendig. [163]
- Das Material wird als homogen und isotrop angenommen. Insbesondere im Bereich der Additiven Fertigung entstehen durch den schichtweisen Bauteilaufbau Anisotropien im Material, welche einen Einfluss auf die Eigenschaften des Bauteils haben können. Diese stehen jedoch nicht im Fokus dieser Arbeit, da sie keine Relevanz bei der Implementierung von Fertigungsrestriktionen haben. Für Studien zu diesem Thema siehe beispielsweise [40, 164]. Zudem handelt es sich bei den simulierten Materialien vorrangig um Legierungen, sodass lokal gesehen in jedem Fall Inhomogenität vorliegt. Diese fällt jedoch bei der Größenordnung der Simulationen nicht ins Gewicht.
- Die Verwendung der *Perimeter Method* sorgt bei Segmenten, welche auf 45° ausgerichtet sind für eine Überschätzung des Perimeters um den Faktor $\sqrt{2}$. Dieser Fehler hat jedoch keinen signifikanten Einfluss auf das Optimierungsergebnis und wird daher vernachlässigt. [97]

Kapitel 5

Stoffschlüssigkeit und die Vermeidung von geschlossenen Kavitäten

Teilergebnisse dieses Abschnitts wurden vorab bereits publiziert:

[30] F. Lange, C. Hein and C. Emmelmann. Numerical optimization of active heat sinks considering restrictions of selective laser melting. *COMSOL Conference Lausanne*, 2018.

[165] F. Lange, J. Alrashdan, B. Kriegesmann and C. Emmelmann. Topology Optimization for Additive Manufacturing: The disconnected voids labeling algorithm with minimum lengthscale control. *Under Review for Additive Manufacturing*, 2020.

Die Stoffschlüssigkeit, auch Konnektivität (engl. *Connectivity*) genannt, als solche stellt keine der in Tabelle 2.1 erwähnten Restriktionen der Additiven Fertigung dar. Vielmehr handelt es sich um ein Problem, welches aus der Formulierung des Topologieoptimierungsproblems entstehen kann. Um additive Fertigbarkeit sicherzustellen muss die resultierende Topologie der Optimierung verbunden sein, da es sich sonst nicht um ein geschlossenes Bauteil handelt. Im weiteren Verlauf werden die Begriffe Stoffschlüssigkeit und Konnektivität synonym verwendet. In Optimierungsproblemen der Steifigkeit oder Strömungsmechanik ist eine Konnektivität bei korrekter Problemformulierung inhärent gewährleistet. In Steifigkeitsoptimierungen wird Material entlang der Kraftpfade im *Design Space* platziert, was automatisch eine Verbindung vom Ort der Krafteinleitung zum fixierten Rand erzeugt.

Eine solche inhärente Eigenschaft ist hingegen bei topologischen Wärmeleitungsoptimierungen nicht vorhanden. Eine geschickte Wahl der Randbedingungen kann jedoch die Stoffschlüssigkeit der Struktur erzwingen, ohne einen zusätzlichen Algorithmus oder integrale Nebenbedingungen der Optimierung notwendig zu machen. Ein weiteres Problem stellt die Ausbildung von Kavitäten dar, wie bereits ausführlich in den Abschnitten 2.3 und 2.3.3 beschrieben. Mathematisch gesehen handelt es sich hierbei ebenfalls um ein Problem der Konnektivität, welches in der Literatur erst in vergleichsweise wenigen Publikationen angesprochen wird, vergleiche Abschnitt 2.3.3. Der im folgenden Abschnitt beschriebene Algorithmus zur Vermeidung geschlossener Kavitäten ließe sich ebenfalls verwenden, um eine Stoffschlüssigkeit in der Struktur herzustellen. Alternativ könnte eine gekoppelte Wärmeleitungs- und Steifigkeitsoptimierung mit einer Minimalanforderung an die Steifigkeit der Struktur formuliert werden, um auf diese Weise eine Stoffschlüssigkeit der Struktur zu erzwingen. Der hier gewählte Ansatz zu Sicherstellung der Stoffschlüssigkeit kommt jedoch ohne die Lösung zusätzlicher Gleichungssysteme oder die Ausführung eines spezifischen Algorithmus aus und sorgt daher nicht für einen Anstieg der Rechenzeit.

Der folgende Absatz befasst sich zum einen mit der Beschreibung eines einfachen Vorgehens zur Sicherstellung der Stoffschlüssigkeit in Wärmeleitungsoptimierungen, zum anderen mit der Entwicklung eines neuen Ansatzes zur Vermeidung von Kavitäten, welcher zudem problemunabhängig formuliert wird. Des Weiteren wird auf den geeigneten Umgang mit den Ergebnissen von Wärmeleitungsoptimierungen

F. Lange, *Prozessgerechte Topologieoptimierung für die Additive Fertigung*,
Light Engineering für die Praxis, https://doi.org/10.1007/978-3-662-63133-1_5

im Kontext der Additiven Fertigung eingegangen, um Aufbaufehler zu vermeiden und die bestmögliche Leistungsfähigkeit der Struktur zu erhalten.

5.1 Berechnungsmodell

Wie bereits in Abschnitt 4.3.3 beschrieben, stellt sich das Optimierungsproblem mit dem Ziel der Minimierung der Durchschnittstemperatur folgendermaßen dar:

$$
\begin{aligned}
\text{Minimiere} \quad & \Psi = (1-q) \cdot \int_{\Omega} k_{\text{SIMP}} \left(\nabla \text{T}\right)^2 \mathrm{d}\Omega + q \cdot \frac{h_0 h_{\max}}{A} \int_{\Omega} |\nabla \rho_{des}\left(x\right)|^2 \mathrm{d}\Omega \\
\text{sodass} \quad & -\nabla \cdot (k\nabla \text{T}) = Q, \\
& 0 \leqslant \frac{1}{A} \cdot \int_{\Omega} \rho_{\text{des}} \mathrm{d}\Omega \leqslant \gamma, \\
& 0 < \rho_{\text{des}} \leqslant 1
\end{aligned}
$$

(5.1)

Als Beispielanwendung wird eine Wärmesenke mit erzwungener Konvektion gewählt. Es handelt sich dabei um eine Kühlstruktur, welche durch einen vorgeschalteten Lüfter mit einem Volumenstrom beaufschlagt wird, wie in Abbildung 5.1 dargestellt. Die Wärmezufuhr findet von unten durch eine Wärmequelle statt. Zudem wird die Wärme über Heat Pipes in die Mitte des Strömungskanals transportiert, um eine möglichst effiziente Wärmeabfuhr zu gewährleisten.

Zur Vereinfachung des Rechenbeispiels wird es auf ein zweidimensionales, stationäres Problem heruntergebrochen. Als Material der Wärmesenke wird AlSi10Mg festgelegt, da es sich um eine etablierte Legierung in der Additiven Fertigung handelt, welche zudem eine hohe Wärmeleitfähigkeit aufweist [166]. Des Weiteren ermög-

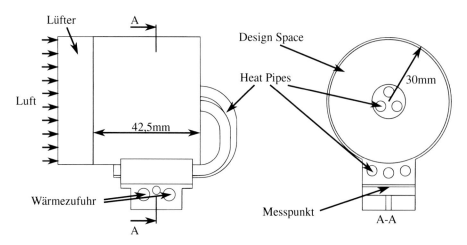

Abb. 5.1: Anwendungsbeispiel der Wärmeleitungsoptimierung.

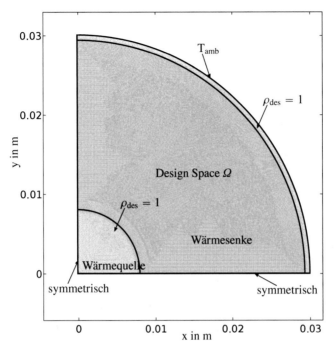

Abb. 5.2: Vernetzung, Dimensionen und Randbedingungen des Rechengebiets der Simulation.

licht die Symmetrie des Bauteils die Definition von Symmetrie-Ebenen, um die Rechenzeit zu minimieren, siehe Abbildung 5.2. Es wird demnach nur das rechte, obere Viertel des Bauteils simuliert und optimiert. Als Wärmequelle wird das Gebiet unten links angenommen, welches die Mitte der Wärmesenke darstellt. Es wird davon ausgegangen, dass die *Heat Pipes* die gesamte Wärme von $Q_{hp} = 54$ W vom Punkt der Wärmezufuhr in die Mitte des Bauteils transportieren. Diese Annahme ist gerechtfertigt, da die hohe Wärmeleitfähigkeit der Aluminiumlegierung im Vergleich zur umgebenden Luft eine gleichmäßige Verteilung der Wärme im *Design Space* der Optimierung gewährleistet. Der luftdurchströmte Bereich zwischen Mitte und Rand des Bauteils wird als Wärmesenke modelliert, da der konvektive Wärmetransport in dieser Anwendung die dominierende Größe der Wärmeabfuhr, gegenüber der Wärmestrahlung und Wärmeleitung über das umgebende Medium, darstellt. Der Rand der Komponente wird auf Umgebungstemperatur T_{amb} festgelegt, um Konvergenz sicherzustellen.

Für die Diskretisierung des *Design Space* wird ein Netz aus Dreiecken verwendet. Die maximalen Elementgrößen variieren von 1×10^{-4} m im *Design Space* zu 2×10^{-4} m in den Bereichen des Vollmaterials an den Rändern des *Design Space*. Die Bereiche des Vollmaterials sind zum einen der Bereich der Wärmezufuhr unten links, zum anderen der Randbereich der Komponente oben rechts, welcher als Führung des Luftstroms sowie Verbindungselement der Komponente zur Umgebung fungiert. Um ein zusammenhängendes Bauteil zu erhalten, muss die Stoffschlüssigkeit

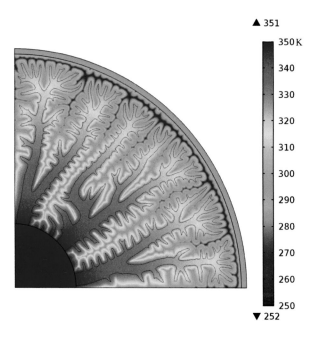

Abb. 5.3: Ergebnis der Wärmeleitungsoptimierung. Der Farbverlauf repräsentiert das Temperaturfeld, die schwarze Linie stellt die Oberfläche der Struktur bei $\rho_{des} = 0,5$ dar.

durch die Topologie im *Design Space* sichergestellt werden. Entsprechend der Anwendung beträgt der Radius des Simulationsgebietes 30 mm mit dem *Design Space* zwischen 8 und 29,3 mm. Der Flächenanteil wird auf $\gamma = 0,294$ und die Gewichtung der Zielfunktionen auf $q = 0,1$ festgelegt. Der Bestrafungsfaktor p in der modifizierten Wärmeleitfähigkeit k_{SIMP} beträgt 5. Die volumetrische Wärmezufuhr Q_{in} über ein Viertel des Kühlkörpers ergibt sich zu $Q_{in} = \frac{Q_{hp}}{\pi/4 \cdot (8\,\text{mm})^2 \cdot 42{,}5\,\text{mm}}$, während die volumetrische Wärmeabfuhr im Bereich des *Design Space* auf $Q_{out} = 56\,\text{W}/4$ festgelegt wird.

   Wie in Abbildung 5.3 zu erkennen, entsteht eine baumartige Struktur, welche sich vom Bereich der Wärmeeinleitung in den *Design Space* verästelt. Auf diese Weise kann die eingebrachte Wärme möglichst homogen über den *Design Space*, welcher als Wärmesenke dient, abgeführt werden. Es ist jedoch zu erkennen, dass zwischen den beiden Vollmaterialbereichen an den Rändern des *Design Space* keine Verbindung durch die Topologie existiert. Aus konstruktiver Sicht ist diese Verbindung jedoch notwendig, um ein zusammenhängendes physisches Bauteil zu erhalten.

5.2 Ansatz zur Sicherstellung der Stoffschlüssigkeit

Dieses Problem kann durch eine geschickte Wahl der Randbedingungen umgangen werden. Für das obige Beispiel beträgt der Quotient aus Wärmezu- und -abfuhr $q_Q = Q_{out}/Q_{in} \approx 1,04$. Dieses Verhältnis ermöglicht die Abfuhr der gesamten zugeführten Energie über den *Design Space*. Wird der Quotient kleiner 1 gewählt, ist dies nicht mehr möglich und die überschüssige Energie muss auf einem anderen Weg aus dem System gelangen. Die einzige Möglichkeit ist der Rand der Struktur, welcher auf Umgebungstemperatur T_{amb} festgesetzt ist, siehe Abbildung 5.2.

Tabelle 5.1: Einfluss von q_Q auf die Stoffschlüssigkeit der Topologie.

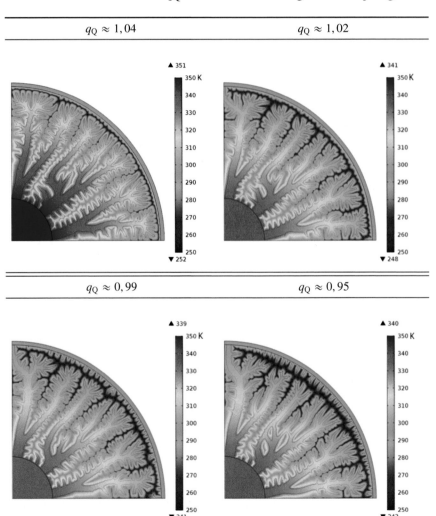

Um einen geeigneten Quotienten q_Q zu definieren, welcher die Konnektivität der Struktur sicherstellt, wird eine Parameterstudie des Wertes durchgeführt, wie in Tabelle 5.1 dargestellt. Es ist zu erkennen, dass für Quotienten $q_Q \gg 1$ wie beschrieben keine Stoffschlüssigkeit erreicht wird. Jedoch kann bereits für $q_Q > 1$ eine Konnektivität der Struktur in der oberen linken Ecke des *Design Space* beobachtet werden. Diese Verbindung ist nicht auf die abgeführte Wärmemenge im *Design Space* zurückzuführen, vielmehr wird durch die zugrundeliegende Vernetzung die Konvergenz zu einem lokalen Minimum erzeugt, wie in Abbildung 5.4 zu erkennen. Diese Tendenz zu lokalen Minima sowie die Netzabhängigkeit der Lösung sind generelle numerische Probleme in Topologieoptimierungen, siehe Abschnitt 2.1.5 und sind stets zu berücksichtigen. Es ist daher davon auszugehen, dass ein Wert von $q_Q > 1$ nicht für beliebige Problemstellungen sowie Vernetzungen eine Stoffschlüssigkeit der Struktur erzeugt. Diese Annahme gilt auch für Werte von $q_Q \approx 1$, siehe Tabelle 5.1 $q_Q \approx 0,99$, da die Definition des Optimierungsproblems mittels SIMP-Methode auch für Bereiche mit $\rho_{des} \rightarrow 0$ eine Wärmeleitfähigkeit $k_{SIMP} \neq 0$ erzeugen und somit überschüssige Wärmeenergie auch ohne Stoffschlüssigkeit der Topologie an den Rand übertragen werden kann.

Aus diesem Grund wird ein Wert von $q_Q \approx 0,95$ zur Sicherstellung der Stoffschlüssigkeit gesetzt. Dieser ist konservativ genug gewählt, um

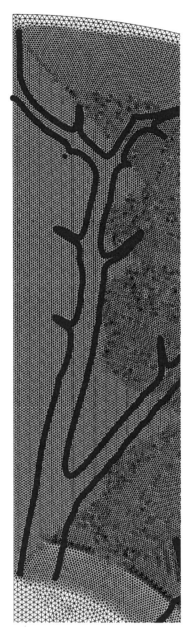

Abb. 5.4: Ausschnitt aus $q_Q \approx 1,02$: Einfluss der Vernetzung auf die Stoffschlüssigkeit.

problem- und netzunabhängig eine Konnektivität der Struktur zu gewährleisten. Siehe dazu auch die Studie der Stoffschlüssigkeit der Topologie bei $q_Q \approx 0,95$ in Tabelle 5.2. Dort wird anhand unterschiedlicher Problemstellungen und Vernetzungen des Rechengebiets eine erfolgreiche Sicherstellung der Stoffschlüssigkeit der resultierenden Topologien bei einem Quotienten $q_Q \approx 0,95$ validiert. Zu erkennen sind die verschiedenen Anwendungen, jeweils mit unterschiedlichen Vernetzungen des Rechengebietes dargestellt. Die Ergebnisse der Topologieoptimierung sind mit dem zugrundeliegenden Temperaturfeld und der Bauteiloberfläche bei $\rho_{des} = 0,5$ (schwarze Linie) bei den unterschiedlichen Vernetzungen des Rechengebietes dargestellt. Wie gewünscht, stellt sich unabhängig von Problemstellung und Vernetzung des Rechengebiets eine Stoffschlüssigkeit in der Topologie ein. Es ist zudem möglich q_Q iterativ zu erhöhen, sobald eine Stoffschlüssigkeit der Struktur entstanden ist. In diesem Fall ist die Lösung bereits zu einem lokalen Minimum (mit Stoffschlüssigkeit) konvergiert und wird voraussichtlich auch für steigende Werte von q_Q eine Konnektivität beibehalten, vergleiche Abschnitt 2.1.5. Natürlich sorgt die Veränderung des Verhältnisses von Wärmezu- und -abfuhr für ein verändertes Optimierungsproblem, was sich auch in den Werten der Zielfunktion Ψ_1 (siehe Gleichungen 5.1 und 4.26) widerspiegelt. Diese variieren für das obige Beispiel von 5655,6 kg m K s^{-3} für $q_Q \approx 1,04$ bis 5781,7 kg m K s^{-3} für $q_Q \approx 0,95$. Dies entspricht einem Anstieg von lediglich 2, 2% und daher einer vertretbaren Erhöhung des Zielwertes zur Sicherstellung der Stoffschlüssigkeit.

Unabhängig von der Stoffschlüssigkeit der Topologie kommt es mitunter zur Ausbildung von geschlossenen Kavitäten im Ergebnis der Topologieoptimierung, siehe beispielsweise Tabelle 5.1 ($q_Q \approx 0,95$). Kavitäten in einer Komponente können ein spezielles funktionelles Potential oder erstrebenswerte Leichtbaueigenschaften aufweisen. Dennoch muss ein Konstrukteur bei der Auslegung die *Design Guidelines* der Additiven Fertigung berücksichtigen, wie in den Abschnitten 2.3 und 2.3.3 beschrieben. Es muss sichergestellt werden, dass eingeschlossenes Pulver nach dem Prozess aus der Kavität entfernt werden kann. Zusätzlich müssen die Öffnungen der Kavitäten groß genug gewählt werden, sodass der Zugang mittels Werkzeugen in der Nachbearbeitung der Komponente möglich ist, um innen liegende Stützstrukturen zu entfernen. [28, 134]

Tabelle 5.2: Studie der Konnektivität der Topologie bei $q_Q \approx 0,95$.

Bezeichnung	Vernetzung und Randbedingungen	Lösung Netz 1	Lösung Netz 2
Kühlstruktur	Netz 2, T_{amb}, Q_{out}, Design Space Ω, Q_{in}, Netz 1	350 K 340 330 320 310 300 290 280 270 260 250 (▲339, ▼241)	350 K 340 330 320 310 300 290 280 270 260 250 (▲337, ▼237)
U-Profil	Netz 1, Design Space Ω, T_{amb}, Q_{out}, Q_{in}, Netz 2	350 K 340 330 320 310 300 290 280 270 260 250 (▲381, ▼195)	350 K 340 330 320 310 300 290 280 270 260 250 (▲376, ▼199)
Block	Netz 1, T_{amb}, Q_{out}, Q_{in}, Netz 2, Design Space Ω	280 K 260 240 220 200 180 (▲293, ▼161)	280 K 260 240 220 200 180 160 (▲293, ▼154)

5.3 Ansatz zur Vermeidung von geschlossenen Kavitäten

Teilergebnisse dieses Abschnitts wurden vorab bereits publiziert:

[167] F. Lange, J. Alrashdan, B. Kriegesmann and C. Emmelmann. Topology optimization for additive manufacturing: The diconnected voids labeling algorithm with minimum length scale control. *Under Review for Additive Manufacturing*, 2021.

In diesem Abschnitt wird eine neuartige Methode zur Eliminierung von geschlossenen Kavitäten bei Topologieoptimierungen vorgestellt. Obwohl der Ansatz am Beispiel einer Wärmeleitungsoptimierung gezeigt wird, ist er allgemein formuliert und kann auf jede andere Anwendung übertragen werden. Die vorgestellte Methode basiert auf einem Bildverarbeitungsalgorithmus namens *Connected Components Labeling* Algorithmus [129]. Der Algorithmus wurde ursprünglich entwickelt, um die Anzahl und Größe von nicht verbundenen Objekten in einem Bild zu extrahieren. Zu diesem Zweck wird jedem Objekt eine Beschriftung, bzw. Nummer, das sogenannte Label, zugewiesen. Bildpixel werden durch den Algorithmus entsprechend ihrer jeweiligen Grauwerte und ihrer Konnektivität mit ähnlichen benachbarten Pixeln gelabelt, siehe auch Abschnitt 2.3.3.

Das zu lösende Optimierungsproblem stellt sich erneut folgendermaßen dar:

$$
\begin{aligned}
\text{Minimiere} \quad & \Psi = (1 - q) \cdot \int_{\Omega} k_{\text{SIMP}} \left(\nabla T \right)^2 \mathrm{d}\Omega \\
& + q \cdot \frac{h_0 h_{\max}}{A} \int_{\Omega} |\nabla \rho_{des}\left(x\right)|^2 \mathrm{d}\Omega \\
\text{sodass} \quad & - \nabla \cdot \left(k \nabla T \right) = Q, \\
& 0 \leqslant \frac{1}{A} \cdot \int_{\Omega} \rho_{\text{des}} \mathrm{d}\Omega \leqslant \gamma, \\
& 0 < \rho_{\text{des}} \leqslant 1
\end{aligned}
\tag{5.2}
$$

Als Referenzmodell wird das in Abbildung 5.5 dargestellte Problem verwendet. Es besteht aus einem quadratischen *Design Space*, welcher durch adiabate Ränder begrenzt wird. In der Mitte des *Design Space* befinden sich zwei schlitzförmige Ränder, welche als Wärmesenken bei einer festen Temperatur T_0 gehalten werden, während über den gesamten *Design Space* Wärme Q_{in} ins System eingebracht wird. Es wird ein Netz aus dreieckigen Elementen mit einer maximalen Netzgröße von 1×10^{-2} m verwendet, der Festkörperanteil wird auf $\gamma = 0,4$ und die Gewichtung der Zielfunktionen auf $q = 0,1$ festgelegt.

Die Lösung des Referenzmodells ist in Abbildung 5.6 dargestellt. Erneut entsteht eine baumartige Struktur, welche sich von den als Wärmesenken dienenden Rändern in der Mitte des Rechengebietes in den gesamten *Design Spac*e verästelt. Wie zu erkennen, enthält das Ergebnis zudem drei geschlossene Kavitäten, zwei in den Hauptästen der Struktur sowie eine weitere in der Mitte des *Design Space* zwischen den beiden Wärmesenken und dient somit als Beispiel, um den hier vorgestellten Algorithmus zur Vermeidung von Kavitäten zu validieren.

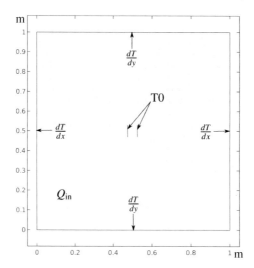

Abb. 5.5: Referenzmodell der Wärmeleitungsoptimierung, inklusive Randbedingungen und Vernetzung des Rechengebietes.

Abb. 5.6: Lösung des Referenzmodells. Die Farben stellen die Verteilung von ρ_{des}, mit blau für $\rho_{des} \to 0$ und rot für $\rho_{des} \to 1$, dar. Die schwarze Konturlinie zeigt die Oberfläche der Struktur bei $\rho_{des} = 0,6$.

Um den *Connected Components Labeling* Algorithmus für Topologieoptimierungen anwendbar zu machen, wird er so angepasst, dass er mit den Knotenpunkten von finiten Elementen statt mit Pixeln arbeitet und die Design-Dichtewerte verwendet, um geschlossene Kavitäten zu erkennen. Der Algorithmus wandelt zunächst die Design-Dichtewerte der Knoten unter Verwendung eines Dichteschwellwerts ρ_t in Binärwerte um. Dies ermöglicht die Unterscheidung von *Solid* und *Void* Knoten im kontinuierlichen Design-Dichtefeld. Das Finite-Elemente-Netz wird Knoten für

Knoten abgetastet und jeder Knoten wird entsprechend seiner jeweiligen Dichte und Konnektivität zu ähnlichen benachbarten Knoten gelabelt. Ähnlichkeit bedeutet in diesem Kontext, dass der ρ_{des}-Wert zweier Knoten auf der gleichen Seite (größer - *Solid*, bzw. kleiner - *Void*) von ρ_t liegt. Für jeden *Void* Knoten prüft der Algorithmus die *Labels* benachbarter Knoten; wenn die Nachbarknoten nicht gelabelt sind, wird dem Knoten ein neues *Label* (beginnend mit 1, 2, ...) zugewiesen. Wenn der *Void* Knoten hingegen mit bereits gelabelten Knoten verbunden ist, wird der Knoten mit dem minimalen *Label* seiner Nachbarknoten belegt. Durch die knotenweise Abarbeitung des Netzes kann es vorkommen, dass eine geschlossene Kavität mit mehreren unterschiedlichen *Labels* versehen wird. Diese in Konflikt stehenden Knoten werden zusätzlich gespeichert und nach Abtasten des Netzes zu einem *Label* zusammengefasst. Dieser modifizierte Algorithmus wird daher im Folgenden als *Disconnected Voids Labeling* (*DVL*)-Algorithmus bezeichnet.

5.3.1 Der DVL-Algorithmus

Man betrachte die willkürliche *Solid* Struktur in Abbildung 5.7, die zwei geschlossene Kavitäten enthält. Unter Verwendung der Knoten-Dichtewerte dieser Struktur und dem Dichteschwellenwert ρ_t (rho_threshold) als Eingabe für den DVL-Algorithmus werden drei eindeutige *Void*-Objekte erkannt: ein verbundenes *Void*-Objekt (Label=1) und zwei getrennte *Void*-Objekte - die geschlossenen Kavitäten (Label=2 und Label=3). Durch Aufsummieren der Anzahl der Knoten mit einem Label größer als 1 kann demnach eine explizite Darstellung der unverbundenen *Void*-Bereiche erstellt werden.

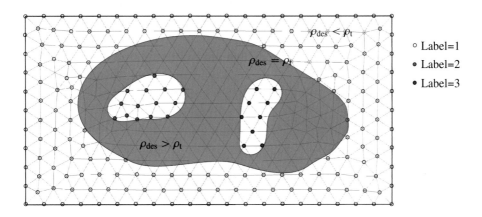

Abb. 5.7: Label des DVL-Algorithmus an einer willkürlichen Struktur.

Der Pseudo-Code des DVL Algorithmus kann folgendermaßen geschrieben werden (der vollständige MATLAB-Programmcode kann dem Anhang A.1 entnommen werden):

```
Input: rho_nodal, rho_threshold, connectivity
Output: voids
rho_bi=imbinarize(rho_nodal,rho_threshold)
nn=max(connectivity)
label=zeros(1,nn)
current_label=0
for node in nodes do
    neighbors= connectivity(:,any(connectivity==node))
    if rho_bi(node)=0 then
        if all(label(neighbors)) = 0 then
            current_label+=1
            label(node)=current_label
        else if any(label(neighbors))≠0 then
            equals=nonzero(label(neighbors))
            label(node)=min(equals)
            label(neighbors(rho_bi==0))=min(equals)
        end
    end
end
```

Algorithmus 1: Pseudo-Code des DVL-Algorithmus.

Das Design-Dichtefeld ist in der Input Variable rho_nodal gespeichert, siehe Algorithmus 1. Die Funktion imbinarize wandelt zunächst dieses kontinuierliche *Input* Feld unter Verwendung des Grenzwertes rho_threshold in ein diskretes Feld um. Dichte-Werte oberhalb von rho_threshold werden auf 1 (*Solid*), unterhalb auf 0 (*Void*) gesetzt und in rho_bi gespeichert. Der Algorithmus scannt nun über jeden Knoten. Zunächst werden verbundene Knoten (neighbors) des aktuell gescannten Knotens anhand des connectivity-Vektors identifiziert. Diese Nachbarschaft stellt somit die Scanmaske des Algorithmus dar, welche nun auf bereits gelabelte Knoten untersucht wird. Wenn der aktuelle Knoten nicht *Solid* (rho_bi= 1) ist und mit keinem gelabelten Nachbarpixel verbunden ist, so wird er mit einem neuen current_label belegt. Wenn der Knoten jedoch bereits einen gelabelten Nachbarknoten besitzt, so wird er mit dem kleinsten *Label* der Nachbarn beschrieben und in die Liste der äquivalenten *Labels* equals vermerkt. Nachdem alle Knoten auf diese Weise gescannt wurden, werden die in equals gespeicherten Knoten neu gelabelt. Die resultierende Anzahl an einzigartigen *Labels* größer 0 stellt demnach die Anzahl an nicht verbundenen Kavitäten in der Topologie dar.

Es wird eine Zielfunktion Ψ_3 definiert, welche die Knoten aufsummiert, die als geschlossene Kavitäten gelabelt wurden. Unter der Annahme gleicher Elementgrößen $h_{\max}$ einer gleichschenkligen, dreieckigen Vernetzung kann dies als eine explizite Darstellung der Fläche der geschlossenen Kavitäten formuliert werden:

$$\Psi_3 = \sum_{i=1}^{m} \frac{h_{\max}^2}{4} \sqrt{3} \cdot \begin{cases} 0, & \text{wenn Label}(i) = 0, \\ 0, & \text{wenn Label}(i) = 1, \\ 1, & \text{wenn Label}(i) > 1, \end{cases} \tag{5.3}$$

mit der Anzahl der Knoten m. Die DVL-Zielfunktion wird mit dem Gewichtungsfaktor w zum Optimierungsproblem hinzugefügt:

$$\text{Minimiere} \quad \Psi = (1 - q) \cdot \int_{\Omega} k_{\text{SIMP}} \left(\nabla T\right)^2 d\Omega$$

$$+ \, q \cdot \frac{h_0 h_{\max}}{A} \int_{\Omega} |\nabla \rho_{des}(x)|^2 d\Omega + w \cdot \Psi_3$$

$$\text{sodass} \quad -\nabla \cdot (k \nabla T) = Q, \tag{5.4}$$

$$0 \leqslant \frac{1}{A} \cdot \int_{\Omega} \rho_{\text{des}} d\Omega \leqslant \gamma,$$

$$0 < \rho_{\text{des}} \leqslant 1.$$

5.3.2 Sensitivitätsanalyse

Bei der hier definierten Zielfunktion Ψ_3 handelt es sich nicht um eine differenzierbare Funktion, da die Auswertung mittels des beschriebenen Algorithmus lediglich ein diskretes Ergebnis für die Fläche geschlossener Kavitäten erzeugt. Es wird jedoch der gradientenbasierte MMA-Solver zur Lösung des Optimierungsproblems verwendet, siehe Abschnitt 4.4. Zur Bestimmung der Ableitung der DVL-Zielfunktion wird daher ein Finite Differenzen Schema verwendet. Das Design-Dichtefeld wird dazu um einen kleinen Wert h negativ und positiv verschoben und der DVL-Algorithmus zusätzlich für diese beiden Richtungen ausgewertet. Über die Gleichung

$$\frac{\partial DVL_i}{\partial \rho_{\text{des}}} = \frac{DVL(\rho_i + h) - DVL(\rho_i - h)}{h} \tag{5.5}$$

erhält man somit das Ableitungsfeld in welchem die Änderung der *Labels* bezüglich der Störung h abgebildet sind. h wird dabei so gewählt, dass es klein genug ist, um die Charakteristiken des Designs zu erhalten, jedoch groß genug, um eine Änderung von Ψ_3 zu erzeugen.

Das beschriebene Finite Differenzen Schema muss in jeder Iteration der Topologieoptimierung für jeden Knoten der Vernetzung des Rechengebietes ausgeführt werden, wodurch eine zusätzliche Rechenzeit entsteht. Für das hier beschriebene Optimierungsproblem und dessen Implementierung in Comsol Multiphysics und des Algorithmus in MATLAB, wurde die zusätzliche Rechenzeit durch die Datenübertragung zwischen Comsol Multiphysics und MATLAB dominiert. Das tatsächliche Ausführen des Algorithmus und die Berechnung der Finiten Differenzen machten für dieses Beispiel lediglich etwa 10% der gesamten, zusätzlichen Rechenzeit aus. Für hochauflösende Probleme sollte eine alternative Möglichkeit der Ableitungsbildung in Betracht gezogen werden, da dort die Bildung der Finiten Differenzen die zusätzlich entstehende Rechenzeit dominieren kann.

5.3.3 Ergebnis des DVL-Algorithmus

Erneut wird ein Netz aus dreieckigen Elementen mit einer maximalen Netzgröße von $h_{\max} = 1 \times 10^{-2}$ m verwendet, der Festkörperanteil auf $\gamma = 0,4$ und die Gewichtung der Zielfunktionen auf $q = 0,1$ festgelegt. Zudem wird der Gewichtungsfaktor von Ψ_3 auf $w = 1$ und $\rho_{\mathrm{t}} = 0,6$ festgesetzt. Das Ergebnis des neuen Optimierungsproblems ist in Abbildung 5.8 dargestellt. Wie zu erkennen, stellt sich das gewünschte Ergebnis ein und sämtliche Kavitäten sind entweder nicht mehr vorhanden oder haben eine Verbindung zur Umgebung. Die Öffnung von Kavitäten zur Umgebung impliziert jedoch nicht direkte Fertigbarkeit des Ergebnisses. Vielmehr muss eine Öffnung einem minimalen Spaltmaß genügen, um zu vermeiden, dass gegenüberliegende Wände im Prozess miteinander verschmelzen oder es zu Pulveragglomeration im Spalt kommt. Wie in Abbildung 5.8 zu sehen, lässt der Algorithmus die Entstehung von Kavitäten zu, welche lediglich über einen Knoten des zugrunde liegenden Netzes mit der Umgebung verbunden sind. Abhängig von der gegebenen Anwendung sowie der verwendeten Netzgröße wird demnach ein minimales Spaltmaß nicht eingehalten. Es ist daher notwendig eine Längenskalenkontrolle zu integrieren.

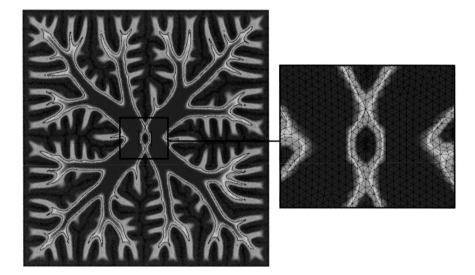

Abb. 5.8: Ergebnis des DVL-Algorithmus. Die Farben stellen die Verteilung von ρ_{des}, mit blau für $\rho_{\mathrm{des}} \to 0$ und rot für $\rho_{\mathrm{des}} \to 1$, dar. Die schwarze Konturlinie zeigt die Oberfläche der Struktur bei $\rho_{\mathrm{des}} = 0,6$.

5.3.4 Längenskalenkontrolle für den DVL-Algorithmus

Um eine Längenskalenkontrolle in den Algorithmus zu integrieren, wird ein Scan-Kreis mit dem Radius L eingeführt. Zusätzlich zu den geschlossenen Kavitäten werden während des Scans die Knoten des Randes der Struktur erfasst. Ein Knoten gehört zum Rand der Struktur, wenn für ihn rho_bi = 1 und für mindestens einen der benachbarten Knoten rho_bi = 1 gilt. Der Scan-Kreis läuft nacheinander alle Randknoten ab und es werden die kürzesten Pfade vom aktuellen Randknoten zu allen weiteren Randknoten im Scan-Kreis berechnet. Enthält dieser Pfad Knoten mit rho_bi = 0, so handelt es sich um einen Spalt, welcher die minimale Längenskala verletzt. Die Länge dieser Pfade wird nach einem Bestrafungsschema zu der zu optimierenden Zielgröße Ψ_3 hinzuaddiert.

Man betrachte die willkürliche *Solid* Struktur in Abbildung 5.9, welche zwei mit der Umgebung verbundene Kavitäten aufweist. Beispielhaft sind zwei Scan-Kreise auf den Randknoten der Struktur abgebildet. Wie zu erkennen, existieren Randknoten, deren kürzester Pfad zu anderen Randknoten innerhalb des Scan-Kreises durch *Void*-Knoten führt (rot hervorgehoben). Diese Bereiche können bestraft und der Zielfunktion beigefügt werden. Zusätzlich zu den Öffnungen der Kavitäten werden enge konkave Bereiche der Struktur (Spaltenden) ebenfalls vom Algorithmus identifiziert und die Längenskalenkontrolle auch dort angewandt.

Da auch zur Identifikation der Randknoten der Struktur die Scan-Maske der benachbarten Knoten benötigt wird, lassen sich diese ebenfalls während des knotenweisen Scans identifizieren und in der Variable perimeter speichern, siehe Algorithmus 2. Die Integration in die bereits vorhandene **for**-Schleife stellt dabei die günstigste Methode bezüglich der Rechenzeit dar. Nach dem Scan aller Knoten werden die Randknoten

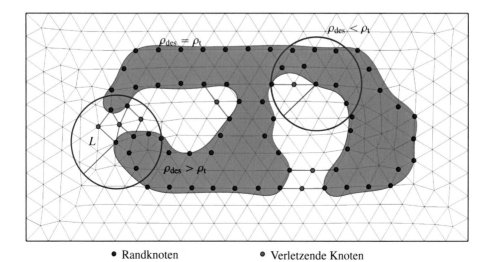

• Randknoten   • Verletzende Knoten

Abb. 5.9: Ergebnis des DVL-Algorithmus mit Längenskalenkontrolle an einer willkürlichen Struktur.

Input: connectivity, rho_nodal, rho_threshold, L, n_L
Output: voids, minL
nn=max(connectivity)
label=zeros(1,nn)
perimeter=zeros(1,nn)
minL=zeros(1,nn)
current_label=0
rho_bi=imbinarize(rho_nodal,tho_threshold)
for *node* **in** *nodes* **do**
    neighbors= connectivity(:,any(connectivity==node))
    if *rho_bi(node)=0* **then**
        if *all(label(neighbors)) = 0* **then**
            current_label+=1
            label(node)=current_label
        else if *any(label(neighbors))≠0* **then**
            equals=nonzero(label(neighbors))
            label(node)=min(equals)
            label(neighbors(rho_bi==0))=min(equals)
    else if *rho_bi(node)=1 AND any(rho_bi(neighbors)=0)* **then**
        perimeter(node)=1
    end
end
for *perimeter_node* **in** *perimeter* **do**
    find neighborsL **where** distance(perimeter_node,neighborsL)⩽L
    if *rho_bi(shortest_path)==0* **then**
        L_n=distance/L
        minL(shortes_path)=1-(n_L*L_n)/(n_L+(1-L_n))
    end
end

Algorithmus 2: Pseudo-Code des DVL-Algorithmus mit Längenskalenkontrolle.

nacheinander unter dem Scan-Kreis mit dem Radius L auf ihre Pfade zu anderen im Scan-Kreis befindlichen Randknoten untersucht. Sofern der kürzeste Pfad zu einem anderen Randknoten durch *void*-Knoten führt (*rho_bi(shortest_path)==0*), wird eine durch L normierte Pfadlänge L_n bestimmt und unter Verwendung einer vorgegebenen Bestrafungsfunktion in minL gespeichert (der vollständige MATLAB-Programmcode kann dem Anhang A.1 entnommen werden).

Zu Validierungszwecken zeigt Abbildung 5.10 die Identifizierten Knoten der implementierten Längenskalenkontrolle. Wie im Ausschnitt zu erkennen, werden erfolgreich die Knoten in der Öffnung der Kavität in der Mitte des *Design Space* identifiziert. Zusätzlich finden sich über die Struktur verteilt Knoten, welche das minimale Spaltmaß verletzen. Diese befinden sich in den konkav zulaufenden Bereichen der Verästlungen, da dort ebenfalls Randknoten gegenüberliegender Wände in einem Scan-Kreis liegen.

Die Bestrafungsfunktion der Längenskalenkontrolle wird entsprechend

$$L_n = \frac{L_{shortest}}{L} \tag{5.6a}$$

$$v_L = 1 - \frac{n_L \cdot L_n}{n_L + (1 - L_n)} \tag{5.6b}$$

implementiert, wobei L die minimale Längenskala, $L_{shortest}$ die Entfernung zwischen benachbarten Randknoten und L_n die normierte Entfernung darstellen. v_L ist der Wert der Bestrafungsfunktion der Längenskalenkontrolle und n_L der *Penalty* Faktor dieser Funktion. Die Wahl dieses Bestrafungsschemas ermöglicht es Spaltmaße $<< L$ stärker zu bestrafen als solche $\approx L$ und auf diese Weise eine Relaxation bei der Öffnung von Spalten zu L zu gewährleisten.

Die Zielfunktion Ψ_3 stellt sich demnach als

$$\Psi_3 = v_L + \sum_{i=1}^{m} \frac{h_{max}^2}{4} \sqrt{3} \cdot \begin{cases} 0, & wenn \; \text{Label}(i) = 0, \\ 0, & wenn \; \text{Label}(i) = 1, \\ 1, & wenn \; \text{Label}(i) > 1, \end{cases} \tag{5.7}$$

dar und wird entsprechend in das oben beschriebene Optimierungsproblem eingepflegt.

Das Ergebnis der Optimierung ist in Abbildung 5.11 dargestellt. Wie zu erkennen, sind erneut keine geschlossenen Kavitäten vorhanden. Zudem ist die Öffnung der

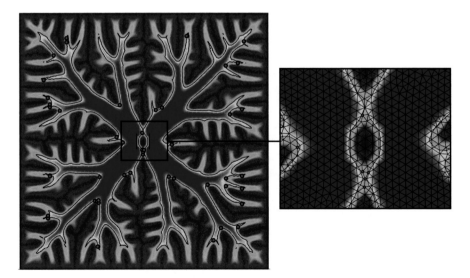

Abb. 5.10: Die Längenskalenkontrolle des DVL-Algorithmus. Die Farben stellen die Verteilung von ρ_{des}, mit blau für $\rho_{des} \to 0$ und rot für $\rho_{des} \to 1$, dar. Die schwarze Konturlinie zeigt die Oberfläche der Struktur bei $\rho_{des} = 0,6$. Knoten, welche vom Algorithmus bestraft werden sind rot hervorgehoben.

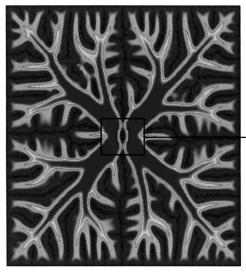
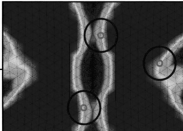

○ Scan-Kreis
○ Randknoten

Abb. 5.11: Ergebnis des DVL-Algorithmus mit Längenskalenkontrolle. Die Farben stellen die Verteilung von ρ_{des}, mit blau für $\rho_{\mathrm{des}} \to 0$ und rot für $\rho_{\mathrm{des}} \to 1$, dar. Die schwarze Konturlinie zeigt die Oberfläche der Struktur bei $\rho_{\mathrm{des}} = 0,6$.

Kavität in der Mitte der Struktur im Vergleich zu Abbildung 5.10 nicht mehr über lediglich einen Knoten des Netzes mit der Umgebung verbunden, sondern auf den zu erzielenden Radius des Scan-Kreises L aufgeweitet worden. Beispielhaft sind an drei Randknoten im Ausschnitt des Bildes die Scan-Kreise der entsprechenden Randknoten dargestellt. Auch diese Nahaufnahme zeigt die Einhaltung der vorgegebenen Längenskala.

Natürlicherweise sorgt das Hinzufügen von Restriktionen zum Optimierungsproblem zu einer Beschneidung des Lösungsraumes. Auf der anderen Seite führt eine Erweiterung der Zielfunktion durch Aufsummierung der Einzelzielwerte zu einer Entfernung vom eigentlichen Ziel der Optimierung - der Minimierung der Durchschnittstemperatur. Es ist daher zielführend die Leistungsfähigkeit der Struktur - gemessen an dem Wert der Zielfunktion - vor und nach dem Hinzufügen einer Restriktion, beziehungsweise der Erweiterung der Zielfunktion zu untersuchen. Auf diese Weise kann der Verlust an Effizienz aufgrund der Fertigungsrestriktion abgeschätzt und eine Kompromissstudie durchgeführt werden. [24] Für das gegebene Referenzproblem erzeugt die vorgestellte Formulierung einen Anstieg des Zielwertes Ψ_1 von $24\,116\,\mathrm{kg\,m\,K\,s^{-3}}$ auf $29\,560\,\mathrm{kg\,m\,K\,s^{-3}}$, was einer Erhöhung um $22,6\%$ entspricht. Verglichen mit der in Abschnitt 2.3.3 beschriebenen VTM, welche Anstiege zwischen 490% und 830% verzeichnet [48], handelt es sich um einen vertretbaren Wertanstieg. Es ist jedoch zu beachten, dass es sich hierbei nicht um direkt vergleichbare Systeme handelt, da Li $et\ al.$ ein Optimierungsproblem der mechanischen Nachgiebigkeit und nicht der Wärmeleitung behandelt.

5.3.5 Der DVL-Algorithmus an einer Beispielanwendung

Um die Übertragbarkeit des Algorithmus auf beliebige Problemstellungen zu über-
prüfen, wird er auf das in Abschnitt 5.1 beschriebene Beispiel angewandt. Nach
KRANZ *et al.* [28] (für TiAl6V4) sowie Adam und Zimmer [89] (allgemein) ist
eine geeignete Mindestspaltgröße für den LBM-Prozess 2×10^{-4} m. Darüber hinaus
sind größere Spaltgrößen entscheidend, um eine gleichmäßige Luftströmung im
Kühlbereich bei einem minimalem Druckabfall zu gewährleisten. Der Radius des
Scan-Kreises L wird daher auf 1×10^{-3} m eingestellt, um sowohl eine konservative
Mindestspaltgröße für eine einfache Pulverentfernung als auch die Eliminierung von
Bereichen mit hohem Druckabfall zu gewährleisten. Für die gegebene Anwendung
werden q und w auf $0,5$ sowie 1×10^{-6} gesetzt, sodass sich alle drei Zielgrößen
in der gleichen Größenordnung bewegen. Wie in Abschnitt 5.2 diskutiert, wird der
Faktor q_Q auf $0,95$ gesetzt, um eine Konnektivität der Struktur zu erzwingen. Das
Ergebnis der Optimierung ist in Abbildung 5.12 dargestellt. Zusätzlich zur Topologie
ist das Ergebnis eines Scans des DVL-Algorithmus aufgetragen, um die Genauigkeit
des DVL-Algorithmus zu zeigen.

Wie zu erkennen, entstehen in der Topologie drei geschlossene Kavitäten. Bei der
vorgesehenen Extrusion der Struktur in die dritte Dimension erzeugen diese Kavitäten
Kanäle, welche einen erhöhten Druckverlust im Vergleich zu umgebenden Bereichen
erzeugen. Zudem enthalten diese nach dem Prozess Pulver, welches teilweise nicht
entfernbar ist. Zusätzlich enthält die Struktur viele Bereiche, welche die Längenskalen-

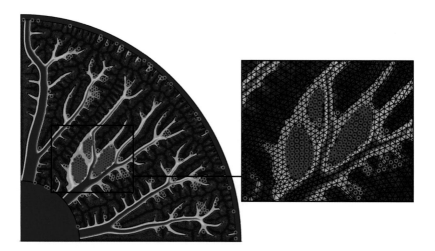

Abb. 5.12: Verletzende Bereiche in der Topologie der Optimierung ohne DVL-
Algorithmus. Die Farben stellen die Verteilung von ρ_{des}, mit blau für $\rho_{des} \rightarrow 0$ und
rot für $\rho_{des} \rightarrow 1$, dar. Die schwarze Konturlinie zeigt die Oberfläche der Struktur
bei $\rho_{des} = 0,6$. Rote Kreise zeigen Knoten, welche von der Längenskalenkontrolle
des DVL-Algorithmus erfasst werden, während hellblaue Kreise für Knoten stehen,
welche vom DVL-Algorithmus als geschlossene Kavitäten identifiziert werden.

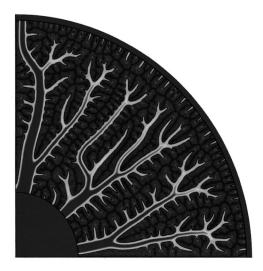

Abb. 5.13: Ergebnis der Topologieoptimierung ohne geschlossene Kavitäten und Längenskalenkontrolle. Die Farben stellen die Verteilung von ρ_{des}, mit blau für $\rho_{\mathrm{des}} \to 0$ und rot für $\rho_{\mathrm{des}} \to 1$, dar. Die schwarze Konturlinie zeigt die Oberfläche der Struktur bei $\rho_{\mathrm{des}} = 0,6$.

kontrolle des DVL-Algorithmus verletzen (zu erkennen an den roten Kreisen). Diese tragen das Risiko des Verschmelzens von Schmelzbädern gegenüberliegender Wände, was zur Entstehung zusätzlicher Kavitäten sowie Pulveragglomerationen führen kann. Daher stellt die Eliminierung der geschlossenen Kavitäten sowie der Bereiche, welche die minimale Längenskala verletzen eine sowohl fertigungstechnische als auch funktionale Notwendigkeit dar.

Es wird der oben beschriebene DVL-Algorithmus angewendet, dessen Ergebnis in Abbildung 5.13 dargestellt ist. Wie zu erkennen, gelingt es mittels DVL-Algorithmus sämtliche geschlossene Kavitäten zu öffnen und eine Verbindung zur Umgebung zu erzeugen. Zusätzlich sorgt die Längenskalenkontrolle dafür, dass ausreichend große Öffnungen der Kavitäten zur Umgebung entstehen. Es kann beobachtet werden, dass die Topologie lediglich leicht von dem ursprünglichen Ergebnis abweicht. Dies zeugt von einem geringen negativen Einfluss des DVL-Algorithmus auf das eigentliche Ziel der Optimierung - der Maximierung der Wärmeleitung. Bestätigt wird diese Annahme durch eine Kompromissstudie, welche erneut den Verlust an Effizienz (bezogen auf Ψ_1) durch die Erweiterung der Zielfunktion aufzeigt. Der Wert von Ψ_1 steigt um lediglich $3,6\%$ von $11\,500\,\mathrm{kg\,m\,K\,s}^{-3}$ auf $11\,916\,\mathrm{kg\,m\,K\,s}^{-3}$.

Im Gegensatz zu dem in Abschnitt 5.3 beschriebenen Referenzmodell, tritt ein deutlich geringerer Anstieg der Zielgröße Ψ_1 auf. Zurückzuführen ist dies auf das willkürlich gewählte Anwendungsbeispiel, bei welchem zufällig das Problem geschlossener Kavitäten auftauchen kann, wohingegen das Referenzmodell speziell so konstruiert ist, dass die Entstehung von Kavitäten begünstigt wird. Es ist daher davon auszugehen, dass für beliebige Anwendungsbeispiele der Einfluss des DVL-Algorithmus auf den Zielwert der Optimierung Ψ_1 deutlich geringer ausfällt, als es für das in Abschnitt 5.3 beschriebene Referenzmodell der Fall ist.

Kapitel 6
Methodischer Umgang mit der Oberfläche in der Additiven Fertigung

Wie bereits in Abschnitt 2.1 beschrieben, wird in Dichte basierten Topologieoptimierungen, wie bei der hier verwendeten SIMP-Methode, jedem finiten Element eine Variable der Design-Dichte zugewiesen. Diese wird vom Optimierer zwischen Null (*Void*) und Eins (*Solid*) variiert. Durch diese Art der Formulierung des Optimierungsproblems nehmen insbesondere Elemente am Übergang vom Vollmaterial (*Solid*) zur Umgebung (*Void*) Werte zwischen Null und Eins an. Um diese Übergangsbereiche zu minimieren kommen verschiedene Ansätze zur Anwendung, wie beispielsweise die *Penalization*, siehe Abschnitt 2.1, oder die häufig eingesetzte *Grayness Constraint*, wie von PETERSSON [168] vorgestellt. Dennoch bleibt ein Übergangsbereich von mindestens einem Element zwischen Material und Umgebung bestehen.

An dieser Stelle stellt sich die Frage, wo genau die Oberfläche des Bauteils angenommen werden soll, um eine finale Konstruktion ableiten zu können. Konventionell wird die Oberfläche bei $\rho_{des} = 0,5$ festgelegt. Die Verwendung einer *Penalization* Methode führt jedoch zu einer unterschiedlichen Bestrafung von $\rho_{des} < 0,5$ und $0,5 > \rho_{des} > 1$ Dichtewerten, vergleiche Abschnitt 2.1, sodass vergleichsweise mehr Elemente mit $\rho_{des} < 0,5$ und weniger mit $0,5 > \rho_{des} > 1$ entstehen. Es kommt also zu einer Verfälschung der *Area Fraction* (2D), bzw. *Volume Fraction* (3D) durch die Festlegung der Oberfläche. Die SIMP-Formulierung weicht die Grenzen zwischen *Void* und *Solid* auf, da zwischenliegende Dichtewerte interpolierte Materialeigenschaften zugewiesen bekommen. Eine möglichst starke *Penalization* ist daher erstrebenswert, um die Materialeigenschaften zwischenliegender Dichtewerte in Richtung einer diskreten Lösung zu zwingen. Aus numerischer Sicht sind diese jedoch nicht erreichbar, da sie zu Lasten der Konvergenz gehen, beziehungsweise die Konvergenz in ein lokales Minimum begünstigen.

Einen wesentlichen Einfluss auf das Problem der Oberflächenfestlegung kann zudem die zugrundeliegende simulierte Physik haben. Insbesondere bei Wärmeleitungsoptimierungen kann die exakte Lage der Oberfläche einen erheblichen Einfluss auf die Leistungsfähigkeit sowie die finale Konstruktion haben, wie in Abbildung 6.1 dargestellt. Gerade in den spitz zulaufenden Verästlungen der wärmeleitungsoptimierten Struktur, wird das zugrunde liegende Temperaturfeld bei einer Wahl der Oberfläche bei $\rho_{des} = 0,5$ nicht mehr korrekt abgebildet. Jedoch sind es gerade diese feinen Äste in der Topologie, welche durch eine Erhöhung der Oberfläche zu einer Maximierung der Wärmeübertragung führen und daher in der Konstruktion berücksichtigt werden sollten, um die maximale Leistungsfähigkeit der Komponente sicherzustellen, siehe Abbildung 6.1.

Wird die Oberfläche bei $\rho_{des} = 0,3$ festgelegt, so kann ein Großteil der feinen Strukturen erfasst und das zugrundeliegende Temperaturfeld deutlich besser abgebildet werden, siehe Abbildung 6.1. Aus Sicht der Additiven Fertigung entsteht in beiden Fällen das Problem der Einhaltung einer minimalen Längenskala zur Sicherstellung

F. Lange, *Prozessgerechte Topologieoptimierung für die Additive Fertigung*,
Light Engineering für die Praxis, https://doi.org/10.1007/978-3-662-63133-1_6

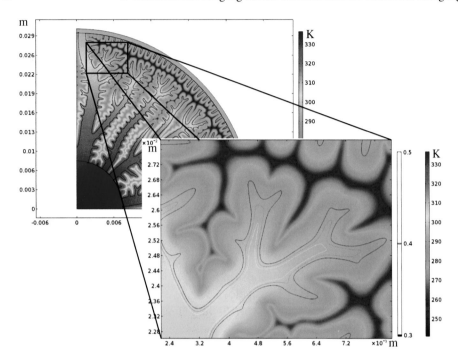

Abb. 6.1: Temperaturfeld einer topologieoptimierten Struktur und Einfluss der Wahl des Oberflächenlevels durch verschiedene Schwellwerte ρ_{des}. Farblich ist das Temperaturfeld von kalt in blau zu warm in rot dargestellt. Im Gesamtbild ist die Oberfläche bei $\rho_{\mathrm{des}} = 0,5$ als schwarze Konturlinie hervorgehoben, während im Bildausschnitt die Konturlinien $\rho_{\mathrm{des}} = 0,3$ (schwarz), $\rho_{\mathrm{des}} = 0,4$ (grau) und $\rho_{\mathrm{des}} = 0,5$ (weiß) dargestellt sind.

minimal herstellbarer Wandstärken, vergleiche Abschnitt 2.3. In der Literatur wird dementsprechend häufig eine Längenskalenkontrolle eingeführt, siehe Abschnitt 2.3.1. Diese ist jedoch im Beispiel der Wärmeleitungsoptimierung nur bedingt zielführend einsetzbar. Die *Perimeter Method* beispielsweise versucht die Einhaltung der Längenskala durch eine implizite Restriktion auf den Umfang der Struktur zu erreichen, siehe Abschnitt 2.3.1. Die optimale Struktur zur Übertragung von Wärme zeichnet sich jedoch durch eine Maximierung der Oberfläche aus, was der Zielsetzung der *Perimeter Method* entgegensteht, welche daher für die Anwendung ungeeignet ist. Andere Längenskalen-Methoden verwenden Filter, um eine minimale Längenskala zu etablieren. Auch dieses Verfahren verhindert die Maximierung der Strukturoberfläche, da Strukturen kleiner als der Filterradius eliminiert werden, was insbesondere filigrane Bereiche auf der Oberfläche betrifft.

   Aus den genannten Gründen wird im Folgenden eine alternative Methodik vorgestellt, um topologisch optimierte Wärmeleitungsstrukturen prozessgerecht für die Additive Fertigung vorzubereiten. Im Nachgang wird die vorgestellte Methodik anhand eines Beispiels experimentell validiert. Anstatt zusätzliche Zielfunktionen oder Restriktionen zur impliziten oder expliten Einhaltung einer minimalen Längenskala in der Optimierung zu berücksichtigen, wird ein fertigungsgetriebener Ansatz verfolgt.

Das Optimierungsproblem der Wärmeleitungsoptimierung wird erneut beschrieben durch

$$
\begin{aligned}
\text{Minimiere} \quad & \Psi = (1 - q) \cdot \int_{\Omega} k_{\text{SIMP}} \, (\nabla T)^2 \, d\Omega \\
& + q \cdot \frac{h_0 h_{\max}}{A} \int_{\Omega} |\nabla \rho_{des}(x)|^2 d\Omega \\
\text{sodass} \quad & - \nabla \cdot (k \nabla T) = Q, \\
& 0 \leqslant \frac{1}{A} \cdot \int_{\Omega} \rho_{\text{des}} d\Omega \leqslant \gamma, \\
& 0 < \rho_{\text{des}} \leqslant 1.
\end{aligned}
\tag{6.1}
$$

Wie zu erkennen, erscheint die *Perimeter Method* als Zielgröße im Optimierungsproblem. Diese wird jedoch durch einen Gewichtungsfaktor von $q = 0,1$ sehr gering gewichtet und dient vorrangig der Vermeidung von Schachbrettfehlern in der Topologie, siehe Abschnitt 2.1.5.

Als Anwendungsbeispiel wird die in Abschnitt 5.1 beschriebene Kühlstruktur verwendet, wie in Abbildung 6.2 erneut dargestellt. Der Flächenanteil wird auf $\gamma = 0,294$ gesetzt. Der Bestrafungsfaktor p in der modifizierten Wärmeleitfähigkeit k_{SIMP} beträgt 5. Für die Diskretisierung des *Design Space* wird ein Netz aus Dreiecken verwendet. Die maximalen Elementgrößen variieren von 1×10^{-4} m im *Design Space* zu 2×10^{-4} m in den Bereichen des Vollmaterials an den Rändern des *Design Space*. Das Ergebnis der Optimierung ist in Abbildung 6.1 dargestellt.

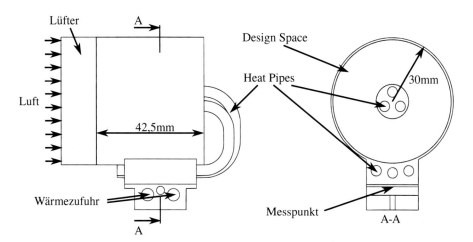

Abb. 6.2: Anwendungsbeispiel der Wärmeleitungsoptimierung.

6.1 Methodik

Wie bereits beschrieben, stellt $\rho_{\text{des}} = 0,3$ eine geeignete Wahl der Oberfläche dar, um das zugrunde liegende Temperaturfeld ausreichend genau abzubilden. Es entstehen jedoch viele Verästelungen auf der Oberfläche, welche kleiner als die zulässige minimale Wandstärke von 0,4 mm im LBM-Prozess [28, 89], bzw. kleiner als der Laserstrahlfokusdurchmesser sind (siehe Abschnitt 2.3). Wird diese Struktur in den 3D-Druck gegeben, fährt der Laser sämtliche Bereiche ab, welche kleiner als der Laserstrahlfokusdurchmesser sind. In Abbildung 6.3 ist dieser konventionelle Laserpfad in rot dargestellt. Wie zu erkennen, werden dabei viele feine Strukturen nicht berücksichtigt - überall dort, wo die mathematisch optimale Struktur kleiner als der Laserstrahlfokusdurchmesser ist.

Statt die konventionelle Scanstrategie zu verwenden, wird diese um eine erzwungene Randfahrt ergänzt. Auf diese Weise wird der Laserpfad auf die filigranen Oberflächenstrukturen erweitert und diese trotz zu kleiner Wandstärken mit dem Laser gescannt. Durch dieses Vorgehen kann der positive Effekt der Oberflächenmaximierung durch die feinen Strukturen auf der Oberfläche abgebildet werden. Da die mathematisch optimale Wandstärke in diesem Bereich kleiner als der Laserstrahlfokusdurchmesser ist, erzeugt dieses Vorgehen eine Aufdickung der Struktur in den entsprechenden Gebieten. Dies sorgt zwar für eine Abweichung von der vorgegebenen *Area Fraction*, wie zuvor beschrieben entsteht diese jedoch bereits durch die Festlegung des Oberflächenlevels mittels ρ_{des}. Zudem fällt das Volumen der feinen Oberflächenstrukturen im Verhältnis zum Gesamtvolumen der Topologie kaum ins Gewicht ($< 5\%$ des Materials im *Design Space*).

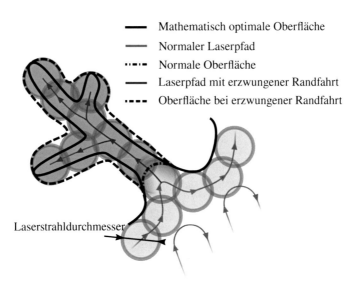

Abb. 6.3: Der Laserpfad und resultierende gedruckte Geometrien für unterschiedliche Scanstrategien im Vergleich zum mathematischen Optimum.

Der besondere Vorteil dieser Methode liegt darin, dass keine zusätzlichen Filter oder andere Längenskalenkontrollen in Form von Zielfunktionen oder Restriktionen in das Optimierungsproblem eingebracht werden müssen. Stattdessen bringt der Prozess selbst eine minimal herstellbare Wandstärke ein, welche durch eine vergleichsweise einfache Anpassung einiger weniger Fertigungsparameter erreicht werden kann. Auf diese Weise bleibt der Aufwand der Implementierung sowie die Rechenzeit der Optimierung minimal. Es ist jedoch die Netzabhängigkeit der Topologieoptimierung (siehe Abschnitt 2.1.5) zu berücksichtigen. Für beliebig feine Vernetzungen des *Design Space* entstehen beliebig feine Oberflächenstrukturen. Dadurch entstehen spätestens ab der Feinheit des Netzes, in welcher mehrere dieser Strukturen geometrisch in einen Laserstrahlfokusdurchmesser passen, Probleme in der Fertigung in Hinblick auf die Auflösung der Struktur. Aus diesem Grund sollte die *Perimeter Methode* mit einer geringen Gewichtung beibehalten werden und eine anwendungsorientierte Netzfeinheit gewählt werden.

6.2 Experimentelle Validierung

Um nachzuweisen, dass die beschriebene Methodik tatsächlich den erwarteten positiven Einfluss auf die Wärmeübertragung hat, wird eine experimentelle Validierung durchgeführt.

6.2.1 Datenvorbereitung

Das in Abbildung 6.1 dargestellte Ergebnis der Topologieoptimierung wird in eine AM gerechte Konstruktion überführt, siehe Abbildung 6.4. Zunächst wird die optimierte Struktur rotationssymmetrisch vervielfältigt. Die Mantelfläche sowie der mittlere Bereich der Kühlstruktur wurden bereits in der Simulation berücksichtigt und als *Solid* Bereiche vorgegeben. Zusätzlich wird eine Flanschfläche mit Montagebohrungen zur Anbringung des Lüfters sowie Bohrungen für die *Heat Pipes* als auch eine Montagehilfe für die Wärmequelle an der Seite der Kühlstruktur angebracht, vergleiche mit Abbildung 6.2. Die Software Materialise Magics wird für die weitere Baujobvorbereitung verwendet. Zu-

Abb. 6.4: Design und Stützstrukturen der optimierten Kühlstruktur. Das Bauteil selbst ist in grau, Stützstrukturen in blau dargestellt.

nächst werden zwei Kopien des Kühlkörpers entsprechend der Aufbaurichtung im Bauraum orientiert. Es werden Stützstrukturen vorgesehen, welche den Montageflansch sowie die Montagehilfe der Wärmequelle an die Bauplattform anbinden. Dies dient insbesondere der Abfuhr von Prozesswärme in die Bauplattform zur Vermeidung von thermischen Spannungen als auch der Stützung von überhängenden Strukturen in den entsprechenden Bereichen. An der Unterseite der Komponente wird ein Bearbeitungsaufmaß vorgesehen, um das Erodieren des Bauteils von der Bauplattform zu ermöglichen.

6.2.2 Fertigung

Der Baujob wird auf einer EOS M 290 mit einer Schichtdicke von 60 µm gefertigt.
Die Scanstrategie wird, wie zuvor beschrieben, je Kühlkörper unterschiedlich gewählt.
Gemeinsam haben beide Strategien, dass zunächst eine Konturfahrt zur Belichtung des
Randes der Struktur erzeugt wird, wie in Abbildung 6.5 (a) zu erkennen. Anschließend
wird der innere Bereich mit einer Streifenschraffur belichtet, um ein geschlossenes
dreidimensionales Bauteil zu erzeugen. Der Unterschied in der Belichtungsstrategie
liegt jedoch in den Parametern der Konturbelichtung. Eine Konturbelichtung wird
entsprechend den Standardeinstellungen eingestellt, vergleiche Abbildung 6.3 den
normalen Laserpfad, wohingegen der zweite Kühlkörper mit einer Justierung des
Kontur-*Offsets* belichtet wird, siehe Abbildung 6.3 die erzwungene Randfahrt. Die
Auswahl des Materials fällt auf AlSi10Mg, da dies eine etablierte Legierung in der
Additiven Fertigung ist, welche zudem eine hohe Wärmeleitfähigkeit besitzt [166],
was der Anwendung zugute kommt.

Im Anschluss an die Fertigung werden die Kühlkörper auf der Bauplatte 2
Stunden bei 300 °C wärmebehandelt. Darauffolgend werden die Kühlkörper mit
einer Drahterodiermaschine von der Bauplattform abgetrennt und sandgestrahlt,
um anhaftende Pulverpartikel zu lösen. Die Funktionsflächen werden gefeilt und
poliert, um den Einfluss der Oberflächenrauheit auf die Wärmeübertragung und
Leistungsfähigkeit der Kühlkörper zu minimieren. Die Löcher für die *Heat Pipes*
werden auf Maß gebohrt. Die fertige Komponente ist in Abbildung 6.5 (b) dargestellt.
Abschließend wird auf die thermischen Kontaktflächen Wärmeleitpaste aufgebracht
sowie die *Heat Pipes* und Lüfter montiert.

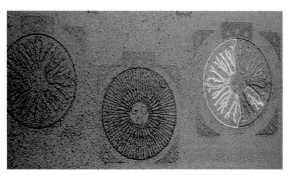 

(a) Belichtung der Kühlstruktur im Pulverbett der EOS M 290.   (b) Gedruckte Kühlstruktur.

Abb. 6.5: Fertigung der Kühlstruktur.

6.2.3 Versuchsdurchführung

Um die Leistungsfähigkeit der Kühlkörper zu ermitteln, wird der in Abbildung 6.6 dargestellte Versuchsaufbau verwendet. An den mit Lüfter und *Heat Pipes* versehenen Kühlkörper wird am Montageblock eine Heizkartusche als Wärmequelle angebracht. Die Heizkartusche wird dazu in einem Aluminiumblock eingesetzt, in welchen zudem ein Thermoelement eingebracht wird, um die Temperatur des Blocks zu erfassen. Auf sämtlichen thermischen Kontaktflächen wird ausreichend Wärmeleitpaste aufgebracht, um den thermischen Widerstand der Montageflächen zu minimieren. Sowohl Heizkartusche als auch Lüfter werden mit jeweils einer Spannungsquelle verbunden. Das Thermoelement wird an einen Datenlogger angeschlossen, um im Betrieb Temperaturdaten abzuspeichern. Das gesamte System, mit Ausnahme der Zu- und -Abfuhr der Luft, wird mit einer Styroporummantelung versehen, um eine thermische Isolation zu erreichen. Auf diese Weise kann der Einfluss von Wärmestrahlung in die Umgebung sowie durch natürliche Konvektion zum umgebenden Medium ausgeschlossen werden. Um eine konstante Temperatur der zugeführten Luft sicherzustellen, wird die Messung in einem Messraum durchgeführt, welcher auf $T_{amb} = 20\,°C$ geregelt ist. Der Lüfter wird mit einer konstanten Spannung von 12 V betrieben.

Der Wärmestrom der Heizkartusche $\dot{Q}_V$ wird über die Spannungsquelle mit der Spannung U und dem elektrischen Widerstand der Heizkartusche R_{HK} nach dem ohmschen Gesetz eingestellt:

$$\dot{Q}_V = \frac{U^2}{R_{HK}} \rightarrow U = \sqrt{\dot{Q}_V \cdot R_{HK}}. \tag{6.2}$$

Die Kühlstrukturen werden bei $\dot{Q}_V = 50$, 70 und 90 W gemessen. Der Versuchsablauf ist in Abbildung 6.7 dargestellt. Nach Erreichen des Zielwertes für $\dot{Q}_V$, wird die

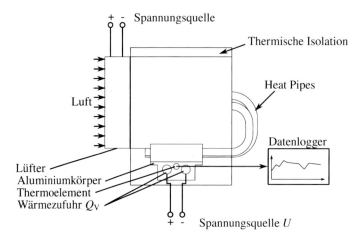

Abb. 6.6: Versuchsaufbau zur Bestimmung der Kühlkörperleistungsfähigkeit.

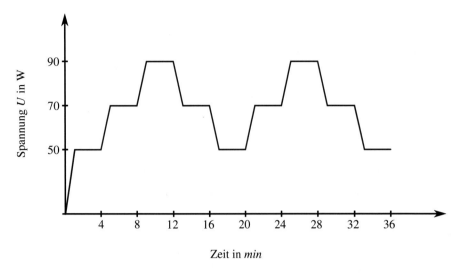

Abb. 6.7: Versuchsablauf.

Spannung jeweils 3 min konstant gehalten, um einen Einfluss von Einschwingeffekten auf das Ergebnis auszuschließen.

6.2.4 Ergebnisse und Diskussion

Es werden jeweils alle Messpunkte nach dem Einschwingen des Systems je Zielwert für $\dot{Q}_V$ ausgewertet. Die Auswertung der Ergebnisse geschieht unter der Annahme, dass die Messfehler der Spannung U_V und des elektrischen Widerstandes der Heizkartusche R_{HK} sowie der elektrische Widerstand der Kabel vernachlässigbar klein sind.

Die Ergebnisse sind in Abbildung 6.8 in Form eines Boxplots dargestellt. Die Messergebnisse schwanken um etwa $1 - 1{,}5\,°C$ bei $50\,W$ bis $2 - 5\,°C$ bei $90\,W$ (Vergleich Median zu äußerstem Messpunkt). Die größten Schwankungen von bis zu $9\,°C$ sind bei $70\,W$ zu beobachten. Aufgrund des Versuchsplans werden hier die meisten Messpunkte aufgenommen (siehe Abbildung 6.7), was die größere Streuung erklärt. Die Kühlstruktur mit normaler Konturfahrt scheint an dieser Messstelle eine geringere Variation in den Messergebnissen aufzuweisen, als die Kühlstruktur mit erzwungener Randfahrt. Dies ist jedoch darauf zurückzuführen, dass einige Messpunkte der Struktur mit normaler Konturfahrt als Ausreißer kategorisiert wurden (rote Kreuze).

Die Kühlstruktur mit erzwungener Randfahrt liefert über den gesamten Messbereich eine bessere Leistungsfähigkeit, als die Kühlstruktur mit normaler Konturfahrt.

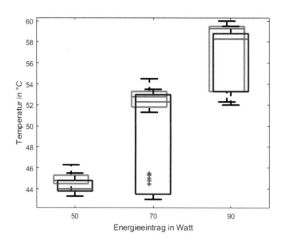

Abb. 6.8: Vergleich der Leistungsfähigkeit der Kühlstrukturen. Die grünen Boxen repräsentieren die Messergebnisse der Struktur mit normaler Konturfahrt, während blaue Boxen die Ergebnisse der Struktur mit erzwungener Randfahrt darstellen. In jeder Box veranschaulicht die rote Linie den Median, die untere Linie das $25\,\%$ Perzentil sowie die obere Linie das $75\,\%$ Perzentil. Die gestrichelten Linien erstrecken sich bis zu den äußersten Messpunkten, welche nicht als Ausreißer angesehen werden können und Außreißer werden mit dem roten Kreuz aufgetragen. Die Messpunkte liegen für beide Strukturen jeweils bei 50, 70 und 90 W, zur besseren Übersicht ist die Darstellung jedoch leicht verschoben.

Tabelle 6.1: Durchschnittstemperatur und thermischer Widerstand der Kühlstrukturen im Vergleich.

Struktur	Masse	50 W	70 W	90 W	$R_{\text{th}} = \frac{\varDelta\text{T}}{\dot{Q}_{\text{V}}}\,(\varnothing)$	$R_{\text{th}}^{*} = \frac{\varDelta\text{T}}{\dot{Q}_{\text{V}}} \cdot m\,(\varnothing)$
Normale Kontur-fahrt	134 g	44,8 °C	52,8 °C	59,3 °C	0,4671 K W^{-1}	62,59 K kg W^{-1}
Erzwungene Kon-turfahrt	140 g	44,0 °C	52,3 °C	58,3 °C	0,4375 K W^{-1}	61,25 K kg W^{-1}

Ein Vergleich der Mediane der Messwerte je Energieniveau (rote Linien) zeigt eine durchschnittliche Temperaturabsenkung von 0, 5 bis 1 °C. Die exakten Durchschnittswerte sind in Tabelle 6.1 dargestellt.

Zur Charakterisierung von Kühlkörpern wird der thermische Widerstand R_{th} herangezogen. Dieser ergibt sich aus dem Verhältnis von Temperaturdifferenz $\varDelta\text{T} = \text{T} - \text{T}_{\text{amb}}$ und dem zugeführten Wärmestrom $\dot{Q}_{\text{V}}$. [169] Da für die geringen Temperaturunterschiede von maximal 17 °C die Temperaturabhängigkeit der Materialien vernachlässigbar klein ist, bietet sich eine Betrachtung des durchschnittlichen thermischen Widerstandes an, siehe Tabelle 6.1. Wie zu erkennen, steigt die Leistungsfähigkeit (bemessen am durchschnittlichen R_{th}) aufgrund der geänderten Scanstrategie um ca. 6, 4% an. Natürlicherweise steigt durch die zuvor beschriebene Änderung der Belichtungsstrategie der Randkontur ebenso die Masse der Komponente - in dieser Anwendung von 134 g auf 140 g, was einem Anstieg von 4, 3% entspricht. Es ist daher sinnvoll einen massenbezogenen thermischen Widerstand R_{th}^{*} zu betrachten, um die Erhöhung der Leistungsfähigkeit in Bezug auf die Massenzunahme abzuschätzen. Auch vor diesem Hintergrund kann eine Verbesserung durch die erzwungene Konturfahrt beobachtet werden.

Wie zuvor diskutiert und in Tabelle 6.1 anhand der experimentellen Validierung dargestellt, kann durch eine Anpassung der Belichtungsstrategie eine Verbesserung der Leistungsfähigkeit der Kühlstruktur erreicht werden. Mehr noch gelingt auf diese Weise die Einbringung einer prozessseitigen Wandstärkenbeschränkung. Im Gegensatz zu Längenskalenkontrollen mittels Ziel- und Nebenbedingungen sowie Filterfunktionen in Topologieoptimierungen, kann die Wandstärke durch eine geschickte Wahl der Oberfläche im Optimierungsergebnis und der Belichtungsstrategie umgesetzt werden. Es ist keine Justierung zusätzlicher Parameter in der Optimierung notwendig, stattdessen muss nur ein einziger Prozessparameter eingestellt werden. Optimierungsseitige Eingriffe sorgen stets für eine Entfernung vom eigentlichen Zielwert, sodass eine Abwägung zwischen Nutzen der Nebenbedingung und Minderung der Leistungsfähigkeit der Komponente getroffen werden muss. Eine Einhaltung der Mindestwandstärke durch eine zusätzliche Nebenbedingung in der Optimierung sollte zwar für eine noch weitere Verbesserung der Kühlkörperleistungsfähigkeit sorgen, durch die hier beschriebene Methodik entfällt jedoch die Notwendigkeit der Einführung einer solchen Nebenbedingung gänzlich. Auf diese Weise wird der Rechen- und Implementierungsaufwand deutlich reduziert.

Kapitel 7
Vermeidung von nicht selbststützenden Kanälen

Teilergebnisse dieses Abschnitts wurden vorab bereits publiziert:

[167] F. Lange, A. S. Shinde, K. Bartsch and C. Emmelmann. A novel approach to avoid internal support structures in fluid flow optimization for additive manufacturing. *NAFEMS World Congress*, 2019.

Der vorliegende Absatz befasst sich mit der Entwicklung eines alternativen Ansatzes zur Vermeidung von nicht selbststützenden Kanälen in Topologieoptimierungen strömungsmechanischer Systeme. Dabei handelt es sich um Kanäle, welche senkrecht zur Aufbaurichtung des Bauteils, beziehungsweise mit einem Überhangwinkel kleiner als der kritische selbststützende Winkel ($\beta < \beta_{krit}$) zur Aufbaurichtung liegen. Wie in Abschnitt 2.3.2 beschrieben, gibt es bereits einige Ansätze um Strukturen bestimmter Überhangwinkel zu vermeiden. Diese lassen sich zum Teil auf Strömungsoptimierungen übertragen, siehe beispielsweise die Arbeit von VERBOOM [140]. Die Anwendung dieser Überhangrestriktionen führt jedoch häufig zu einer deutlichen Veränderung der entstehenden Kanalform. Strömungsoptimale, runde Kanäle, welche senkrecht zur Aufbaurichtung liegen, werden durch die Anwendung solcher Restriktionen in tropfenförmige Strukturen überführt, siehe Abbildung 7.1. Diese können zwar frei von Stützstrukturen hergestellt werden, erzeugen jedoch größere Druckverluste im Kanal. Untersuchungen haben gezeigt, dass die Leistungsfähigkeit dieser Kanäle um bis zu 35% schlechter im Vergleich zum originalen Optimierungsproblem ist. [140] Es besteht daher ein Bedarf an einer alternativen Lösung für dieses Problem. Das

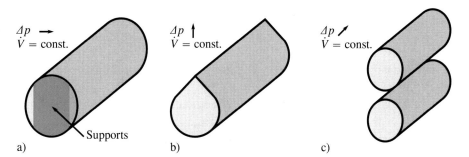

Abb. 7.1: Idee des Split-Channel Ansatzes: (a) Ergebnis einer Strömungsoptimierung ohne Restriktion zur Vermeidung von nicht selbststützenden Strukturen: Δp ist klein, es werden jedoch Stützstrukturen benötigt. (b) Ergebnis einer Strömungsoptimierung unter Berücksichtigung der Überhangsrestriktion: Es werden keine Stützstrukturen benötigt, Δp ist jedoch groß. (c) Gewünschtes Ergebnis einer Strömungsoptimierung mit Berücksichtigung des Split-Channel Ansatzes: Es werden keine Stützstrukturen benötigt. Kanäle, welche aufgrund ihres Durchmessers nicht selbst-stützend wären, werden in kleinere, selbst-stützende Kanäle aufgeteilt. Der Volumenstrom wird in allen drei Fällen als konstant angenommen.

gewünschte Ergebnis stellen Kanäle dar, welche ohne Stützstrukturen additiv hergestellt werden können, jedoch für einen geringeren Druckverlust im Kanal sorgen, als
die Anwendung von Überhangrestriktionen.

Untersuchungen haben gezeigt, dass zur Aufbaurichtung senkrecht liegende Kanäle
im LBM-Prozess mit bestimmten Durchmessern ohne Stützstrukturen, bei Einhaltung
der erforderlichen Genauigkeit, hergestellt werden können. Die Überhänge in diesem
Bereich sind klein genug, um sich selbst zu stützen. Für das etablierte Material
TiAl6V4 gilt dies für Durchmesser zwischen 2 mm und 12 mm bei $\beta_{\text{krit}} = 40°$ [28].

Dies stellt die Grundlage der Idee dieses Ansatzes dar: Kanäle, welche Stützstrukturen benötigen würden, da sie senkrecht zur Aufbaurichtung liegen und ihre
Durchmesser zu groß sind, werden in mehrere kleinere Kanäle unterteilt, welche selbststützend sind, siehe Abbildung 7.1. Daher wird im weiteren Verlauf die Bezeichnung
Split-Channel-Ansatz verwendet.

7.1 Berechnungsmodell

Ein einfacher T-Stück-Krümmer, wie in Abbildung 7.2 dargestellt, dient als Anwendungsbeispiel für die Methode. Durch den Einsatz von Topologieoptimierung für
strömungsmechanische Systeme ist es möglich die Verlustleistung solcher konventionellen Bauteile um fast 50% zu reduzieren [140], weshalb sie ein interessantes
Untersuchungsobjekt darstellen.

Es wird ein 2D-Rechengebiet definiert, welches zwei Einlässe mit Einlassge-
schwindigkeiten von je $0{,}8 \, \text{m s}^{-1}$ sowie einen Auslass bei Umgebungsdruck aufweist,
siehe Abbildung 7.2. Sämtliche weitere Ränder werden schlupffrei (engl. *no slip*)
angenommen. Der große Bereich in der Mitte des Rechengebietes stellt den *Design
Space* der Topologieoptimierung dar. Die Elementgrößen der dreieckigen Vernetzung bewegen sich zwischen maximal 1×10^{-4} m und minimal 1×10^{-5} m. Da das
Ziel der Berechnungen die Überprüfung der Eignung des Ansatzes und nicht die
Erzeugung von präzisen und hochoptimierten Ergebnissen ist, stellen diese Netzei-
genschaften einen Kompromiss zwischen vertretbarem Rechenaufwand und Güte des
Ergebnisses dar. Der Startwert der Design-Variable wird als $\rho_{\text{des}} = \gamma$ festgelegt, um
die Konvergenzeigenschaften der Lösung zu verbessern.

Wie bereits in Abschnitt 4.3.2 stellt sich das herkömmliche Optimierungsproblem folgendermaßen dar:

$$\text{Minimiere} \quad \Phi = \int_\Omega \frac{1}{2}\eta \sum_{i,j}\left(\frac{\partial v_i}{\partial x_j} + \frac{\partial v_j}{\partial x_i}\right)^2 + \sum_i \alpha\left(\rho_{\text{des}}\right)v_i^2 \mathrm{d}\Omega,$$

$$\text{mit} \quad \alpha\left(\rho_{\text{des}}\right) = \alpha_{\max}\frac{n\cdot\rho_{\text{des}}}{n+\left(1-\rho_{\text{des}}\right)},$$

$$\text{sodass} \quad \rho\left(\mathbf{v}\cdot\nabla\right)\mathbf{v} = -\nabla p + \nabla\cdot\eta\left(\left(\nabla\mathbf{v}\right)+\left(\nabla\mathbf{v}\right)^{\mathrm{T}}\right)+F, \qquad (7.1)$$

$$\rho\nabla\cdot\left(\mathbf{v}\right) = 0,$$

$$\frac{1}{A}\cdot\int_\Omega \rho_{\text{des}}\mathrm{d}\Omega \geqslant \gamma,$$

$$0 < \rho_{\text{des}} \leqslant 1.$$

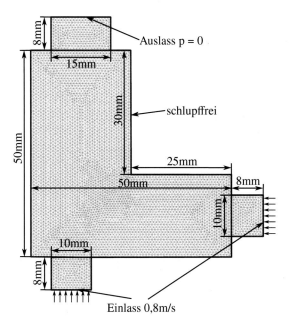

Abb. 7.2: Vernetzung, Dimensionen und Randbedingungen des Rechengebiets der Simulation.

7.2 Ergebnisse

Das Ergebnis des konventionellen strömungsmechanischen Topologieoptimierungsproblems, wie in Gleichung 7.1 beschrieben, ist in Abbildung 7.3 dargestellt. Aufgrund
der Natur des verwendeten Beispiels besteht die resultierende Geometrie aus zwei
Kanälen mit einem Durchmesser kleiner als 12 mm, die sich zu einem größeren Kanal
mit einem Durchmesser größer als 12 mm vereinen, vergleiche Abbildung 7.3.

Sollte dieses Bauteil direkt für die Fertigung vorbereitet werden, so würde an dieser
Stelle die Ausrichtung des Bauteils auf der Bauplattform stattfinden. Diese erfolgt nach
den verschiedenen Gesichtspunkten der Qualität, Kosten und Zeit. Konventionell
würden nun interne Stützstrukturen in die Betrachtung mit einfließen, da diese
zusätzliche Materialkosten und Bauzeit verursachen, gestützte Flächen nachbearbeitet
werden müssen und die Oberflächenqualität negativ beeinflussen [A.2.1]. Da in den
folgenden Schritten interne Stützstrukturen durch eine entsprechende Formulierung
des Optimierungsproblems vermieden werden, können diese in der Betrachtung
vollständig vernachlässigt und das Bauteil nur anhand äußerer Stützstrukturen und
der weiteren Faktoren ausgerichtet werden, siehe Abbildung 7.4 (I).

Die angenommene optimale Ausrichtung des Bauteils ist in Abbildung 7.5
dargestellt. Wie zu erkennen liegt der nicht selbststützende Kanal senkrecht zur
Aufbaurichtung. Aufgrund der *no slip* Bedingung an der Kanalwand gibt es einen

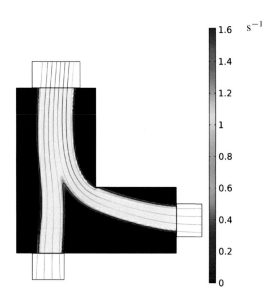

Abb. 7.3: Simulationsergebnis für die konventionelle strömungsmechanische Topologieoptimierung. Schwarze Bereiche stellen Vollmaterial, weiße Bereiche Fluid
dar. Die schwarze Linie kennzeichnet die Kanaloberfläche bei $\rho_{\mathrm{des}} = 0,5$. Die
Strömungslinien zeigen den Strömungsverlauf sowie die Strömungsgeschwindigkeit
v.

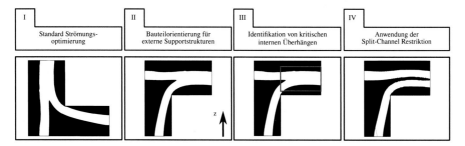

Abb. 7.4: Der Ablauf des Split-Channel Ansatzes: Zunächst wird die standard Strömungsoptimierung für das gegebene Problem ausgeführt (I). Als nächstes wird das optimierte Design unter Berücksichtigung von externen Stützstrukturen im Bauraum orientiert (II) - die Notwendigkeit von internen Stützstrukturen wird an dieser Stelle vernachlässigt. Daraufhin werden die kritischen Bereiche für interne Stützstrukturen in dem *Design Space* identifiziert (III) und schließlich der neue Split-Channel Ansatz angewandt (IV).

Strömungsgradienten nahe der Wand in dessen Normalenrichtung. Im Sinne des vorgestellten Optimierungsansatzes für die Fluidströmung wird diese *no slip* Bedingung durch den volumetrische Kraftterm F, wie in Gleichung 4.21 beschrieben, abgebildet, siehe dazu ebenfalls Abschnitt 4.5 und [163].

Der normierte Geschwindigkeitsgradient in Normalenrichtung der Kanalwand kann durch die allgemeine Formulierung

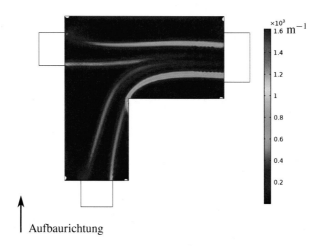

Abb. 7.5: Der Gradient der Strömungsgeschwindigkeit in Normalenrichtung zur Kanaloberfläche.

$$\phi = \sqrt{\left(\frac{\partial v_1}{\partial x_1} \cdot \frac{\frac{\partial \rho_{des}}{\partial x_1}}{\sqrt{\left(\frac{\partial \rho_{des}}{\partial x_1}\right)^2 + \left(\frac{\partial \rho_{des}}{\partial x_2}\right)^2}} \right)^2 + \left(\frac{\partial v_2}{\partial x_2} \cdot \frac{\frac{\partial \rho_{des}}{\partial x_2}}{\sqrt{\left(\frac{\partial \rho_{des}}{\partial x_1}\right)^2 + \left(\frac{\partial \rho_{des}}{\partial x_2}\right)^2}} \right)^2 },$$

$$(7.2)$$

gefunden werden und ist in Abbildung 7.5 dargestellt. Dabei stehen v_1 und v_2 für die x- und y-Komponente des Geschwindigkeitsvektors und x_1 und x_2 für die x- und y-Komponenten des Ortsvektors. Dieser Wert ist über die gesamte Kanaloberfläche verteilt und ermöglicht daher eine implizite Aussage über die Gesamtfläche der Kanalwand. Soll nun ein Kanal in mehrere Kanäle aufgeteilt werden, so kann Ψ_1 als integrale Ungleichheitsformulierung in die Topologieoptimierung integriert und auf diese Weise eine andere Gesamtfläche der Kanalwand erzwungen werden. Zu diesem Zweck wird das Integral über die interessierenden Bereiche Γ_i gebildet, siehe Abbildung 7.6 und Abbildung 7.4 (III) sowie eine Verdopplung des Anfangswertes des entsprechenden Bereichs $\phi_{i,\,init}$ erzwungen.

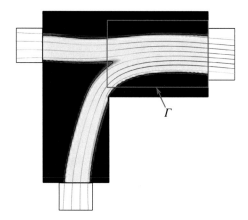

Abb. 7.6: Der Bereich im *Design Space* mit kritischen Überhängen.

Das Optimierungsproblem ändert sich demnach zu

$$\text{Minimiere} \quad \Phi = \int_{\Omega} \frac{1}{2} \eta \sum_{i,j} \left(\frac{\partial v_i}{\partial x_j} + \frac{\partial v_j}{\partial x_i} \right)^2 + \sum_i \alpha \left(\rho_{\text{des}} \right) v_i^2 \mathrm{d}\Omega,$$

$$\text{mit} \quad \alpha \left(\rho_{\text{des}} \right) = \alpha_{\text{max}} \frac{n \cdot \rho_{\text{des}}}{n + (1 - \rho_{\text{des}})},$$

$$\text{sodass} \quad \rho \left(\mathbf{v} \cdot \nabla \right) \mathbf{v} = -\nabla p + \nabla \cdot \eta \left((\nabla \mathbf{v}) + (\nabla \mathbf{v})^{\mathrm{T}} \right) + F,$$

$$\rho \nabla \cdot (\mathbf{v}) = 0, \tag{7.3}$$

$$\frac{1}{A} \cdot \int_{\Omega} \rho_{\text{des}} \mathrm{d}\Omega \geqslant \gamma,$$

$$\sum_i \int_{\Gamma_i} \phi \mathrm{d}\Gamma \geqslant 2 \cdot \phi_{i,\,\text{init}},$$

$$0 < \rho_{\text{des}} \leqslant 1.$$

Das Ergebnis dieser Simulation ist in Abbildung 7.7 dem konventionellen Ergebnis gegenübergestellt. Wie zu erkennen, erzeugt die Formulierung des *Split-Channel*-Ansatzes die gewünschte Änderung der Geometrie. Durch die feste Begrenzung des Flächenanteils im *Design Space*, siehe Gleichung 7.3, bleibt die Menge an Material gleich und wird lediglich neu verteilt.

Sobald Fertigungsrestriktionen berücksichtigt werden, empfiehlt es sich, aus Gründen der Vergleichbarkeit, Basissimulationen aufzusetzen, welche ohne diese

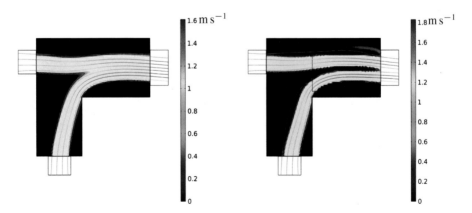

(a) Simulationsergebnis ohne Split-Channel An- (b) Simulationsergebnis mit Split-Channel Ansatz.   satz.

Abb. 7.7: Vergleich der Ergebnisse ohne und mit Split-Channel Ansatz. Schwarze Bereiche stellen Vollmaterial, weiße Bereiche Fluid dar. Die schwarze Linie kennzeichnet die Kanaloberfläche bei $\rho_{\text{des}} = 0.5$. Die Strömungslinien zeigen den Strömungsverlauf sowie die Strömungsgeschwindigkeit $\mathbf{v}$.

Tabelle 7.1: Vergleich der Simulationsergebnisse ohne und mit Split-Channel Ansatz.

	konventionelle Lösung	Split-Channel Ansatz
$\mathbf{v}_{max}$	$1,61 \, \text{m s}^{-1}$	$1,81 \, \text{m s}^{-1}$
Δp	$1,310 \, \text{Pa}$	$1,879 \, \text{Pa}$
Φ	$7,623 \times 10^{-3} \, \text{W m}^{-1}$	$9,718 \times 10^{-3} \, \text{W m}^{-1}$

Restriktionen formuliert sind. Auf diese Weise kann der Verlust an Effizienz aufgrund einer Fertigungsrestriktion abgeschätzt und eine Kompromissstudie durchgeführt werden [24]. Neben der gewünschten Änderung der Geometrie kann eine Erhöhung der Maximalgeschwindigkeit $\mathbf{v}_{max}$ beobachtet werden. Dies wird begleitet durch einen erhöhten Druckverlust Δp über den gesamten *Design Space*. Die exakten Werte sind in Tabelle 7.1 dargestellt. Auch wenn der zusätzliche Druckverlust zunächst vergleichsweise groß erscheint, so sind die Leistungsfähigkeitseinbußen in Bezug auf das Optimierungsziel der *Hydraulic Power Dissipation* Φ relativ gering. Eine positive Eigenschaft dieser Formulierung ist die lokale Begrenzung des *Split-Channel*-Ansatzes im Vergleich zu anderen Verfahren, wie beispielsweise von VERBOOM vorgestellt [140]. Es werden nur kritische Bereiche überarbeitet, wohingegen bei anderen Ansätzen auch Kanäle, welche aufgrund ihrer Größe selbststützend wären, geometrisch verändert werden, wodurch unnötige zusätzliche Druckverluste im System entstehen können. Der Gesamtanstieg der zu optimierenden Größe Φ beträgt $\approx 27,5\%$ für das untersuchte akademische Beispiel, wobei der kritische Bereich Γ rund die Hälfte des *Design Space* ausmacht. Für generelle Strömungsoptimierungsprobleme ist davon auszugehen, dass $\sum_i \int_{\Gamma_i} 1 d\Gamma < {}^1\!/_2 A$, da $\beta_{krit} < 45°$ für die meisten Materialien gilt und somit weniger als die Hälfte aller Orientierungen kritische Überhangwinkel erzeugen.

Eine Übertragung auf den 3D-Fall ist durch eine entsprechende Erweiterung von Gleichung 7.2 problemlos möglich:

$$\phi = \sqrt{\left(\frac{\partial v_1}{\partial x_1} \cdot \frac{\frac{\partial \rho_{des}}{\partial x_1}}{N}\right)^2 + \left(\frac{\partial v_2}{\partial x_1} \cdot \frac{\frac{\partial \rho_{des}}{\partial x_2}}{N}\right)^2 + \left(\frac{\partial v_3}{\partial x_3} \cdot \frac{\frac{\partial \rho_{des}}{\partial x_3}}{N}\right)^2}. \qquad (7.4)$$

$$\text{mit } N = \sqrt{\left(\frac{\partial \rho_{des}}{\partial x_1}\right)^2 + \left(\frac{\partial \rho_{des}}{\partial X_2}\right)^2 + \left(\frac{\partial \rho_{des}}{\partial x_3}\right)^2}.$$

Der vorgestellte Ansatz ist vergleichsweise einfach zu implementieren, da er lediglich die Einführung einer weiteren globalen Ungleichheitsbedingung in Integralformulierung benötigt. Durch diese Art der Implementierung entsteht nicht die Notwendigkeit weitere Faktoren zur Gewichtung der Zielfunktionen gegeneinander einzuführen. Für das gegebene Beispiel entsteht durch die Anwendung des *Split-Channel*-Ansatzes eine Leistungsfähigkeitseinbuße von $\approx 27,5\%$ (bemessen am Anstieg des Zielwertes Φ). Andere Ansätze aus der Literatur, wie beispielsweise die Überhangbeschränkung mittels *Heavyside*- und *Helmholtz*-Filterung, liefern eine vergleichbare Verschlechterung der Leistungsfähigkeit von $\approx 30\%$ [140]. Zudem sind diese Verfahren aufgrund der zusätzlichen Filterung zumeist rechenintensiver und schwieriger zu implementieren. Des Weiteren ist, wie bereits zuvor beschrieben, für andere Anwendungen eine geringere Leistungsfähigkeitseinbuße zu erwarten. Durch in Abschnitt 2.3.1 beschriebene Ansätze zur maximalen Längenskalenkontrolle lassen sich gegebenenfalls ähnliche Ergebnisse erzeugen. Es ist jedoch zu überprüfen, ob diese sich ebenfalls auf lokale, kritische Bereiche beschränken lassen oder stets auf das gesamte Rechengebiet angewandt werden.

Kapitel 8
Wirtschaftlichkeitsbetrachtung

Zur Abschätzung des wirtschaftlichen Einsatzes der zuvor entwickelten Verfahren wird im Folgenden beispielhaft die Anwendung der additiven Fertigung von Werkzeugeinsätzen für den Kunststoff-Spritzguss untersucht. Dabei handelt es sich um einen Anwendungsfall, welcher durch den Einsatz von Topologieoptimierung zur Reduzierung der Masse (Steifigkeitsoptimierung) als auch zur Optimierung des Wärmemanagements (Strömungs- und Wärmeleitungsoptimierung) wirtschaftlich relevante Potenziale zur Kosteneinsparung, sowohl im Bereich der Fertigung des Werkzeugeinsatzes als auch im Fertigungseinsatz, liefert.

Der Spritzguss ist ein weit verbreitetes Umformverfahren der Kunststoffverarbeitung. Im Jahr 2015 wurden von der Gesamtmenge von 322 Mio. t weltweit hergestellter Kunststoffe alleine 55 Mio. t mittels Spritzgießverfahren zu Formteilen verarbeitet. Der Spritzguss stellt daher einen immensen Markt dar [170, 171]. Bei diesem Verfahren wird der geschmolzene Werkstoff in den formgebenden Werkzeugeinsatz eingespritzt und erstarrt dort zum fertigen Formteil. Erst nach einer ausreichenden Abkühlung und Erstarrung des Werkstoffes kann das Formteil aus dem Werkzeug entfernt werden. Diese Restkühlzeit kann mehr als 60% an der Produktionszykluszeit einnehmen, siehe Abbildung 8.1 [172, 173]. Kürzere Abkühlzeiten führen daher zu geringeren Zykluszeiten und folglich niedrigeren Herstellungskosten der Formteile.

Konventionell werden die Werkzeugeinsätze aus Halbzeugen aus Werkzeugstahl gefräst. Zur Kühlung werden Kühlkanäle in das Werkzeug integriert, welche ebenfalls substraktiv durch Bohren oder Fräsen realisiert werden. Die Art der Fertigung schränkt die Geometrie der Kühlkanäle, sowie deren Anpassbarkeit an die Werkzeugoberflächen stark ein. Werden die Werkzeugeinsätze stattdessen additiv hergestellt, so lässt sich eine konturnahe Kühlung realisieren, welche nicht nur ein Potenzial zur Reduktion der Abkühlzeit erschließt, sondern auch Verzüge der Formteile durch

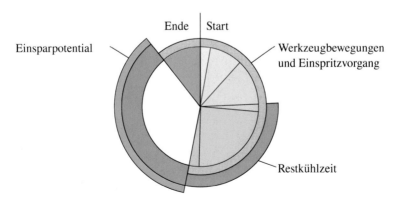

Abb. 8.1: Produktionszykluszeit in der Spritzgussfertigung, nach [172]. Das theoretische Einsparpotenzial aufgrund einer optimierten Kühlung ist in grün dargestellt.

© Der/die Autor(en), exklusiv lizenziert durch
Springer-Verlag GmbH, DE, ein Teil von Springer Nature 2021
F. Lange, *Prozessgerechte Topologieoptimierung für die Additive Fertigung*,
Light Engineering für die Praxis, https://doi.org/10.1007/978-3-662-63133-1_8

eine gleichmäßige Kühlung minimieren kann [174]. Für das Auffinden einer optimalen Lösung für eine homogene, konturnahe Kühlung lässt sich eine kombinierte Strömungs- und Wärmeleitungs-Topologieoptimierung verwenden.

Die Kosten der Herstellung mittels LBM übersteigen in den meisten Fällen die Kosten einer konventionellen Fertigung derselben. Der Großteil der Herstellungskosten in der LBM-Fertigung von Werkzeugstählen entfällt dabei auf die notwendige Belichtungszeit des Materials [175]. Eine Gewichtsoptimierung mittels Steifigkeits-Topologieoptimierung hat daher das Potenzial die Fertigungskosten von additiv hergestellten Werkzeugeinsätzen zu senken.

Die Vorteile der additiven Konstruktion, sowie der speziellen topologischen Optimierungen gehen jedoch mit einem erhöhten Aufwand im Konstruktions-Prozess einher. Dieser umfasst, neben dem Aufsetzen der entsprechenden Topologieoptimierungen, den zeitlichen Aufwand des additiv fertigungsgerechten Rekonstruktion der Topologieoptimierungsergebnisse. Sowohl die Ausführung der Optimierungen als auch die 3D-Druck gerechte Konstruktion, erfordern eine umfassende fachliche Expertise und können daher einen großen Kostentreiber darstellen. An dieser Stelle bewirken die bereits vorhandenen als auch in dieser Arbeit neu entwickelten Restriktionen in der Topologieoptimierung eine Senkung des Aufwands der Rekonstruktion. Es ist dennoch abzuschätzen, ob die Gewichtsersparnis zur Senkung der Fertigungskosten als auch die Reduzierung der Restkühlzeit im Fertigungsprozess groß genug sind, um den erhöhten Aufwand im Konstruktionsprozess zu rechtfertigen.

8.1 Beispielanwendung

Als Beispielanwendung wird die Auswerferseite eines Werkzeugeinsatzes zur Herstellung von Bechern gewählt, wie in den Abbildungen 8.2 dargestellt. Es sind insgesamt fünf Bohrungen für Auswerfer vorgesehen: mittig mit einem Durchmesser von 4 mm, sowie auf den Diagonalen mit Durchmessern von 3 mm. An den Ecken des Werkzeugeinsatzes sind vier Gewindebohrungen für die Befestigung im Werkzeug vorgesehen, wobei die Positionierung durch die seitlichen Passflächen geschieht.

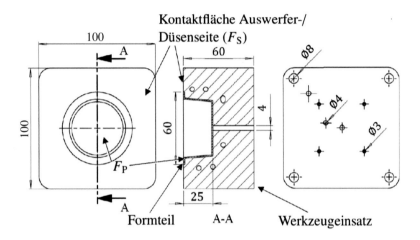

Abb. 8.2: Maße des Werkzeugeinsatzes der Spritzgussform, sowie die Randbedingungen der Topologieoptimierung, nach [2].

Da es bei diesem Beispiel lediglich um die qualitative Abschätzung des Potenzials der beschriebenen Anwendung und nicht die Bestimmung quantitativer Werte geht, wird an dieser Stelle der Aufwand des Aufsetzens einer kombinierten Strömungs- und Wärmeleitungsoptimierung gespart. Dies ist insbesondere vor dem Hintergrund der Einfachheit der Geometrie des Formteils gerechtfertigt, welche eine händische Konstruktion zur homogenen Kühlung sehr einfach macht. In Abbildung 8.2 ist daher bereits eine konturnahe Kühlung vorgesehen.

Für die Topologieoptimierung wird ein Werkzeuginnendruck von 500 bar angenommen, welcher als Flächenkraft F_P auf der Kontaktfläche von Formteil und Werkzeugeinsatz appliziert wird. Zudem herrscht an der Kontaktfläche zwischen Düsen- und Auswerferseite die Schließkraft des Werkzeuges F_S, welche mit einem Sicherheitsfaktor von 1,1 größer als F_P gewählt wird. Der *Design Space* der Topologieoptimierung wird mit einem Tetraeder-förmigen Gitter bei einer Netzauflösung von 2 mm vernetzt. Für den hier angenommenen, schwellend belasteten, duktilen Werkzeugstahl Uddeholm AM Corrax® eignet sich die von-Mises-Vergleichsspannung σ_M als Vergleichsspannung hinsichtlich des Fließens [176]. Da für die vorgegebene Anwendung viele Lastwechsel ($\gg$ 25000) bei minimalem Verschleiß und möglichst

Abb. 8.3: Ergebnis der Gewichtsoptimierung des Werkzeugeinsatzes, nach [2].

geringen Verformungen anvisiert werden, wird für die zulässige Maximalspannung ein hoher Sicherheitsfaktor von 15 vorgesehen. Bei einer Streckgrenze von 1600 N mm^{-2} ergibt sich die zulässige von-Mises-Vergleichsspannung zu 106,7 N mm^{-2} [177]. Zudem wird sowohl um die Kühlkanäle als auch die Bohrungen eine konservative Wandstärke von 4 mm vorgegeben.

Das 3D Optimierungsproblem stellt sich, wie in Abschnitt 4.3.1 beschrieben, folgendermaßen dar:

$$
\begin{aligned}
\text{Minimiere} \quad & (1-q) \cdot \frac{1}{W_{S0}} \int_{\Omega} W_S \mathrm{d}\Omega + q \cdot \frac{h_0 \cdot h_{\max}}{V} \int_{\Omega} |\nabla \rho_{\mathrm{des}}(x)|^2 \mathrm{d}\Omega, \\
\text{sodass} \quad & \nabla \sigma = -F \\
& 0 \leqslant \frac{1}{V} \cdot \int_{\Omega} \rho_{\mathrm{des}} \mathrm{d}\Omega \leqslant \gamma \\
& 0 < \rho_{\mathrm{des}} \leqslant 1
\end{aligned}
\tag{8.1}
$$

Die Ergebnisse der Topologieoptimierung sind in Abbildung 8.3 dargestellt. Bereits bei diesen sehr konservativ ausgelegten Sicherheitsfaktoren für die Optimierung wird eine Gewichtsersparnis von $\approx 40\%$ erreicht. An dieser Stelle wurden keine Verfahrensrestriktionen, bis auf eine implizite Längenskalenkontrolle mittels *Perimeter Method*, in der Topologieoptimierung berücksichtigt.

8.2 Kostenkalkulation

Zur Kalkulation der Herstellungskosten, sowie der möglichen Einsparpotenziale wird nachfolgend ein vereinfachtes Kostenmodell [178] unter Vernachlässigung der Materialkosten durch bauteil- und baujobspezifischen Schwund, der Endbearbeitungskosten, sowie der Aufheiz- und Abkühlzeiten verwendet. Die Höhe der Werkzeugeinsätze ändert sich durch die Topologieoptimierung nicht, wodurch die Beschichtungszeit konstant bleibt und ebenfalls vernachlässigt werden kann. Die mögliche Reduktion der Herstellungskosten ergibt sich daher aus den Materialkosten und den Maschinenkosten für die Belichtungszeit. Außerdem werden die Kosten für die Topologieoptimierungen und die Konstruktion der Werkzeugeinsätze berücksichtigt.

Zunächst wird die potentielle Kosteneinsparung durch die Reduktion der Masse mittels Topologieoptimierung berechnet. Die Volumenaufbaurate e_V im LBM-Prozess

$$e_V = v_{scan} \cdot t_s \cdot h_{scan} \qquad (8.2)$$

ergibt sich aus dem Produkt der Scangeschwindigkeit v_{scan}, der Schichtstärke t_s und dem Abstand zwischen zwei Belichtungsvektoren (*Hatchabstand*) h_{scan}. Diese Vereinfachung beschreibt den einfachen Volumenaufbau sehr gut, während jedoch Sprungvektoren des Scannersystems, wie sie beispielsweise bei gesonderter Konturbelichtung oder bestimmten Scanstrategien auftauchen können, vernachlässigt werden.

Die Volumenaufbaurate e_V lässt sich mit der Materialdichte ρ in die Massenaufbaurate e_M

$$e_M = e_V \cdot \rho \qquad (8.3)$$

überführen. Die Maschinenkosten für die Belichtungszeit pro Masseneinheit c_{ex} lassen sich aus der Massenaufbaurate e_M, sowie dem Maschinenstundensatz c_M berechnen:

$$c_{ex} = \frac{c_M}{e_M} \qquad (8.4)$$

Das Kosteneinsparpotenzial durch die Massenreduktion mittels Topologieoptimierung ergibt sich aus den gesparten Maschinenkosten für die Belichtungszeit pro Masseneinheit, sowie den Materialkosten je Masseneinheit c_{Mat}

$$c^* = c_{ex} + c_{Mat}. \qquad (8.5)$$

Bei einer Losgröße der zu fertigenden Werkzeugeinsätze n, sowie einer originalen Masse des Werkzeugeinsatzes m_0 und des gewichtsoptimierten Einsatzes m_1 ergibt sich das mögliche Potenzial zu:

$$c^* = n \cdot (c_{Mat} + c_{ex}) \cdot (m_0 - m_1) = n \cdot \left(c_{Mat} + \frac{c_M}{v_{scan} \cdot t_s \cdot h_{scan} \cdot \rho} \right) \cdot (m_0 - m_1) \qquad (8.6)$$

Somit sind alle für die Berechnung benötigten Werte mit Ausnahme der Masse des gewichtsoptimierten Werkzeugeinsatzes von dem Material, der Maschine und dem verwendeten Parametersatz für die Belichtung abhängig und damit unabhängig von der Topologieoptimierung. Die Kosten der Topologieoptimierung, sowie der Rekonstruktion für eine AM-gerechte Konstruktion, werden anhand der benötigten Zeiten und dem Kostensatz der Arbeitskraft c_A berechnet. Die notwendigen Arbeitsschritte, sowie deren zeitlicher Aufwand sind folgende: Zeiten zur Aufbereitung der Daten für die Optimierung t_{dat}, zur Durchführung der Topologieoptimierung t_{topo}, sowie zur AM-gerechten Rekonstruktion der Ergebnisse t_{des}. Die Kosten der Topologieoptimierung inklusive Rekonstruktion c_{topo}:

$$c_{topo} = c_A \cdot \left(t_{dat} + t_{topo} + t_{des} \right) \qquad (8.7)$$

Tabelle 8.1: Parameter der Kostenberechnung.

Parameter	Wert
n	1
c_{Mat}	$90 - 110\,\text{€}\,\text{kg}^{-1}$
c_{M}	$70\,\text{€}\,\text{h}^{-1}$
v_{scan}	$800\,\text{mm}\,\text{s}^{-1}$
t_{s}	$30\,\mu\text{m}$
h_{scan}	$100\,\mu\text{m}$
ρ	$7850\,\text{kg}\,\text{m}^{-3}$
m_0	$4{,}1\,\text{kg}$
m_1	$2{,}46\,\text{kg}$
c_{A}	$90\,\text{€}\,\text{h}^{-1}$
t_{dat}	$7\,\text{h}$
t_{topo}	$1\,\text{h}$
t_{des}	$16\,\text{h}$

Anhand dieser Werte lässt sich die minimal notwendige Gewichtsreduktion für eine wirtschaftlich sinnvolle Topologieoptimierung V_{min} mittels

$$V_{\text{min}} = \frac{c_{\text{topo}}}{n \cdot c^*} \tag{8.8}$$

bestimmen. Für $V_{\text{min}} < 1$ handelt es sich um eine wirtschaftliche Anwendung, während für $V_{\text{min}} > 1$ die Kosten der Topologieoptimierung größer sind als die Ersparnis durch die Gewichtsreduzierung. Für die Berechnung von V_{min} werden die in Tabelle 8.1 aufgelisteten Parameter verwendet [A.2.1, A.2.2], [179]. Es wird eine Losgröße von 1 angenommen. Der zeitliche Aufwand der Rekonstruktion t_{des} bezieht sich auf die Umsetzung der Ergebnisse der Gewichtsoptimierung als auch der Ergebnisse der kombinierten topologischen Strömungs- und Wärmeleitungsoptimierung der Kühlkanäle, wie zuvor diskutiert.

Die Kosten für die Topologieoptimierung inklusive Rekonstruktion ergeben sich zu rund $c_{\text{topo}} = 2160\,\text{€}$ und stehen damit einer Kostenersparnis durch die Gewichtseinsparung von $c^* = 1856{,}62\,\text{€}$. Dies ergibt ein V_{min} von $1{,}1634$ und daher noch keine wirtschaftliche Anwendung. Es ist jedoch zu berücksichtigen, dass ein Großteil der Kosten auf den zeitlichen Aufwand der Rekonstruktion t_{des} entfällt - in etwa $2/3$ ($\approx 16\,\text{h}$) des Gesamtaufwandes entfallen auf diesen Posten [A.2.1]. Dieser Aufwand betrifft insbesondere die AM-gerechte Rekonstruktion des Ergebnisses der Topologieoptimierung. Neben der Berücksichtigung von kritischen Überhangsbereichen, gilt es die Einhaltung von minimalen Längenskalen in Bezug auf Wandstärken und Spaltmaße sicherzustellen. Weitere wichtige Punkte sind das Entfernen oder AM-gerechte Öffnen von geschlossenen Kavitäten sowie dir prozessgerechte Konstruktion von Kühlkanälen, für welche in dieser Arbeit entsprechende Ansätze vorgestellt wurden (siehe Kapitel 5 und 7). Bereits unter der eher konservativen Annahme, dass sich durch Einbringen der Fertigungsrestriktionen in die Topologieoptimierung die Hälfte dieses Aufwandes einsparen lässt, fallen die Kosten auf $c_{\text{topo}} = 1440\,\text{€}$. Dies ergibt ein

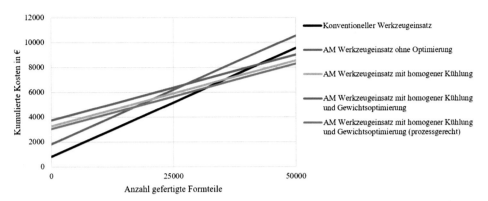

Abb. 8.4: Kostenentwicklung in Abhängigkeit von der Anzahl gefertigter Formteile nach [1] und [2].

V_{min} von 0, 7756 und stellt damit eine wirtschaftliche Anwendung für den Konstruktionsprozess des Werkzeugeinsatzes dar. Des Weiteren ist zu berücksichtigen, dass die Gewichtsoptimierung unter sehr hohen Sicherheitsfaktoren durchgeführt wurde und sich bei einer Senkung dieser Faktoren eine deutliche zusätzliche Kostenersparnis ergibt. Es ist davon auszugehen, dass durch die Einbringung sämtlicher Konstruktionsrichtlinien in die Topologieoptimierung, sowie die fortschreitende Automatisierung des Konstruktionsprozesses, zukünftig neue Ebenen der Wirtschaftlichkeit erreicht werden können.

Noch nicht berücksichtigt ist an dieser Stelle das Einsparpotenzial durch eine Reduktion der Restkühlzeit, wie in Abbildung 8.1 dargestellt und eingangs erläutert. Dieses lässt sich durch die kumulierten Kosten der Fertigung des Werkzeugeinsatzes, der Nachbearbeitung, sowie der Kosten je Formteil erschließen. Um die gesamten Fertigungskosten des Werkzeugeinsatzes abschätzen zu können, sind umfassendere Kostenmodelle von Nöten als zuvor beschrieben. Die Berechnung der Fertigungskosten des Werkzeugeinsatzes, sowohl konventionell (fräsend) als auch additiv, erfolgt anhand der von RUDOLPH vorgestellten Kostenmodelle [1]. Für eine nähere Beschreibung der zugrunde liegenden Modelle wird der Leser an [1] verwiesen.

Zum Vergleich werden folgende Werkzeugeinsätze betrachtet: konventioneller Werkzeugeinsatz; AM Werkzeugeinsatz ohne Optimierung; AM Werkzeugeinsatz mit homogener Kühlung; AM Werkzeugeinsatz mit homogener Kühlung und Gewichtsoptimierung; AM Werkzeugeinsatz mit homogener Kühlung und Gewichtsoptimierung (prozessgerecht). Die Fertigungskosten der jeweiligen Werkzeugeinsätze ergeben sich nach RUDOLPH und vorangegangenen Berechnungen zu: konventioneller Werkzeugeinsatz 805,06€; AM Werkzeugeinsatz ohne Optimierung 1829,24€; AM Werkzeugeinsatz mit homogener Kühlung €3256,69; AM Werkzeugeinsatz mit homogener Kühlung und Gewichtsoptimierung 3740,36€; AM Werkzeugeinsatz mit homogener Kühlung und Gewichtsoptimierung (prozessgerecht) 3020,36€, siehe Abbildung 8.4.

Bei einer Zykluszeit von 38 s und einem Maschinenstundensatz von 16, 5€ der Spritzgussanlage ergeben sich Kosten von $\approx$ 0, 17€ je Formteil (unter Vernachlässigung der Materialkosten, da diese Formteil-abhängig und für alle Werkzeugeinsätze gleich sind) [2].Wie zu erkennen, ist die konventionelle, fräsende Herstellung der Werkzeugeinsätze für das gegebene Beispiel deutlich kostengünstiger, als die additive Herstellung. Aus diesem Grund ist die reine additive Fertigung des konventionellen Bauteils nicht wirtschaftlich, vergleiche die schwarze und rote Linie. Durch den Einsatz einer homogenen Kühlung lässt sich die Zykluszeit durch das Einsparen der Restkühlzeit auf 23 s reduzieren [2]. Auf diese Weise können die Kosten je Formteil auf $\approx$ 0, 11€ gesenkt werden. Zwar entstehen durch den Aufwand der Optimierung der Kühlkanäle zusätzliche Kosten im Konstruktionsprozess, dennoch wird der Prozess durch die Senkung der Formteilkosten ab einer Marge von etwa 35000 Teilen wirtschaftlich, siehe Schnittpunkt schwarze und orange Linie. Wird zudem die zuvor beschriebene Gewichtsoptimierung ausgeführt, kann ein Teil der Belichtungszeit eingespart werden, es entstehen jedoch zusätzliche Kosten für die Rekonstruktion der Komponente. Der *Break-even-Point* liegt nunmehr bei rund 42000 Formteilen, siehe Schnittpunkt schwarze und grüne Linie. Werden zudem die Fertigungsrestriktionen in der Optimierung berücksichtigt, kann ein Großteil des zeitlichen Aufwandes der Rekonstruktion eingespart werden und der *Break-even-Point* wird bereits bei ca. 29000 Formteilen erreicht.

Zusammenfassend lässt sich sagen, dass sich durch die Kombination der Additiven Fertigung mit Topologieoptimierung profitable Anwendungen auffinden lassen. Durch den Einsatz mehrerer Optimierungen, wie am Beispiel der Steifigkeitsoptimierung zur Gewichtsreduktion im Zusammenspiel mit der Strömungs- und Wärmeleitungsoptimierung zur Kühlkanaloptimierung, lassen sich umso größere Potenziale heben. Es ist jedoch zu berücksichtigen, dass dies meist ebenso mit einem hohen Aufwand in der Rekonstruktion des Bauteils einher geht. Dieser Aufwand muss daher im Kontext der Kosteneinsparung über den Lebenszyklus der Komponente betrachtet werden, um die Wirtschaftlichkeit der Anwendung sicherzustellen. Die Verwendung von AM-gerechten Optimierungen stellt daher einen entscheidenden Hebel dar, um die Wirtschaftlichkeit der Anwendung zu maximieren. Ein zusätzliches Potenzial liegt zudem in der Implementierung von Zielbedingungen zur Kosten- und Zeitminimierung in Topologieoptimierungen für die Additive Fertigung, wie in Abschnitt 2.4 beschrieben. Durch diese lässt sich der *Break-even-Point* im Lebenszyklus des Bauteils noch weiter nach vorne verschieben.

Kapitel 9
Zusammenfassung und Ausblick

Topologieoptimierungen ermöglichen die funktionsgerechte Gestaltung von Hochleistungskomponenten. Für den Konstrukteur entfällt die Notwendigkeit, eine gegebenenfalls unvollkommene Funktionslösung selber zu entwickeln und zu optimieren. Die Topologieoptimierung erlaubt, durch die Definition eines *Design Space*, der notwendigen Randbedingungen, sowie der Zielfunktionen, ein funktionsoptimales Bauteil für gegebene Anforderungen zu berechnen. Dabei handelt es sich um komplexe und nicht intuitive Konstruktionen mit bionischer Anmutung. Diese komplexen Bauteile lassen sich mittels konventionellen Fertigungsverfahren nur schwer oder gar nicht realisieren. Die Additive Fertigung hingegen zeichnet sich durch einen großen Gestaltungsfreiraum aus und ist daher bestens für die Herstellung solch komplexer Komponenten geeignet. Es ist jedoch zu berücksichtigen, dass auch die Additive Fertigung einige prozessbedingte Restriktionen mit sich bringt. Diese umfassen beispielsweise die konstruktive Auslegung von überhängenden Strukturen, minimal realisierbare Längenskalen bezüglich Wandstärken und Spaltmaßen, sowie die Konstruktion von Kavitäten. Werden diese nicht in der Topologieoptimierung berücksichtigt, so entsteht ein zeitlicher Aufwand in der Rekonstruktion der optimierten Struktur für eine fertigungsgerechte Komponente. Aus diesem Grund gibt es in der Literatur bereits einige Ansätze zur Implementierung von Fertigungsrestriktionen in Topologieoptimierungen, wie in Abschnitt 2 dargestellt. Dennoch existieren Lücken in diesem Bereich, wie in Abschnitt 3 aufgezeigt. Es gibt daher keine geschlossene Prozesskette von der Topologieoptimierung über die Konstruktion bis hin zur Additiven Fertigung. Ziel dieser Arbeit ist es die aufgezeigten Bedarfe mit neuen Methoden zu bedienen. Auf diese Weise können große Potentiale für profitable additive Anwendungen erschlossen werden.

Entwicklung einer Methodik zur Sicherstellung der Stoffschlüssigkeit in Wärmeleitungsoptimierungen:

Die Stoffschlüssigkeit als solche stellt keine eigentliche AM-Fertigungsrestriktion dar. Stattdessen handelt es sich um ein Problem, welches aus der Formulierung des Topologieoptimierungsproblems entstehen kann. Um additive Fertigbarkeit sicherzustellen muss die resultierende Topologie der Optimierung verbunden sein, da es sich sonst nicht um ein geschlossenes Bauteil handelt. Die Zielstellung ist somit zwei vorgegebene Bereiche Vollmaterials mit der resultierenden Topologie im *Design Space* zu verbinden.

Eine solche inhärente Eigenschaft ist bei topologischen Wärmeleitungsoptimierungen nicht vorhanden. Eine geschickte Wahl der Randbedingungen kann jedoch die Konnektivität der Struktur erzwingen, ohne einen zusätzlichen Algorithmus oder integrale Nebenbedingungen der Optimierung notwendig zu machen. Zur Lösung dieses Problems wurde in der vorliegenden Arbeit eine Methodik zur Festlegung des

F. Lange, *Prozessgerechte Topologieoptimierung für die Additive Fertigung*,
Light Engineering für die Praxis, https://doi.org/10.1007/978-3-662-63133-1_9

Verhältnisses von zu- und abgeführter Wärmeenergie q_Q entwickelt und validiert. Für die Ausprägung der wärmeleitenden Struktur sind nicht die absoluten Werte der Energien entscheidend, vielmehr entscheidet das Verhältnis q_Q über das resultierende Design. Dies gilt insbesondere für die Ausbildung einer verbundenen Struktur. Sobald eine Konnektivität der Struktur erzeugt wurde, hat eine weitere Senkung von q_Q nur noch einen marginalen Einfluss auf die Topologie. Dies ist auf die deutlich höhere Wärmeleitfähigkeit des Vollmaterials im Vergleich zu *Void*-Bereichen in der Topologie zurückzuführen. Ein Wert von $q_Q = 0,95$ wurde zur Sicherstellung der Konnektivität validiert, siehe Abschnitt 5.

Entwicklung einer Methode zur Vermeidung von geschlossenen Kavitäten:

Durch die Freiheit der Topologie in Topologieoptimierungen kommt es häufig zur Ausbildung von geschlossenen Kavitäten in den Ergebnissen. Diese stellen, im Hinblick auf verbleibende Pulverpartikel in der Kavität, nach dem Prozess ein Problem dar. Es müssen ausreichend große Öffnungen der Kavitäten vorgesehen werden, um das Pulver nach dem Entpacken entfernen zu können.

Um geschlossene Kavitäten vollständig zu vermeiden, wurde in der vorliegenden Arbeit der *Disconnected Voids Labeling* (DVL)-Algorithmus entwickelt. Dieser stellt eine Übertragung des *Connected Components Labeling*-Algorithmus aus dem Bereich der Bildverarbeitung auf Finite Elemente und das Problem der Topologieoptimierung dar. Mit Hilfe des DVL-Algorithmus konnten sämtliche geschlossenen Kavitäten zur Umgebung geöffnet werden. Um zusätzlich ein ausreichendes Spaltmaß der Kavitäten zur Umgebung sicherzustellen, wurde der DVL-Algorithmus erfolgreich um eine minimale Längenskala erweitert, siehe Kapitel 5. Besonders hervorzuheben ist der geringe Einfluss des Algorithmus auf die Leistungsfähigkeit der Struktur, bemessen an der Änderung des Wertes der Zielfunktion. Im Vergleich zu Ansätzen aus der Literatur, werden bei der vorgestellten Methode sowohl geschlossene Kavitäten als auch zu kleine Spaltmaße explizit erkannt. Dies zeigte eine deutlich bessere Entfernung von geschlossenen Kavitäten und Einhaltung der minimalen Längenskala, als durch implizite Verfahren beobachtet werden konnte. Des Weiteren ist der DVL-Algorithmus vergleichsweise einfach zu implementieren und benötigt lediglich die Anpassung eines Parameters zur Gewichtung der Anteile der Zielfunktion der Optimierung. Der alternative VTM-Ansatz beispielsweise macht die Feinjustierung weiterer zusätzlicher Physikparameter notwendig.

Als problematisch für den generellen Einsatz des DVL-Algorithmus in der Praxis ist derzeit noch die Rechenzeit anzusehen. Einen Großteil der Rechenzeit macht derzeit jedoch die Übertragung der Daten zwischen Simulationsumgebung Comsol Multiphysics und MATLAB zur Ausführung des DVL-Algorithmus aus. Diese kann zukünftig durch Verwendung der Comsol Multiphysics eigenen API, sowie der Übertragung des MATLAB-Codes in Java minimiert werden. Mittels eines einfachen *Coarsening*-Verfahrens wurde zudem die Reduzierung des Rechengitters auf ein Algorithmus-Gitter erfolgreich erprobt, um die Rechenzeit weiter zu reduzieren. Durch ein adaptives Mesh-*Coarsening* ließe sich der positive Einfluss auf die Rechenzeit zukünftig noch verstärken.

Entwicklung einer Methodik zum Umgang mit den Ergebnissen von Wärmeleitungsoptimierungen zur Maximierung der Bauteilleistungsfähigkeit:

Es konnte gezeigt werden, dass der in der Literatur weit verbreitete Ansatz der Definition der Oberfläche nach $\rho_{des} = 0,5$ in Wärmeleitungsoptimierung das zugrunde liegende Temperaturfeld für einige Anwendungen nicht korrekt abbilden kann und sich daher eine andere Wahl der Oberfläche empfiehlt. Eine Anpassung der Oberfläche, in Kombination mit einer geschickten Wahl der Prozessparameter für die additive Fertigung der Komponente, führten zu einer Verbesserung der Leistungsfähigkeit des untersuchten Kühlkörpers von $6,4\%$ bezogen auf den thermischen Widerstand R_{th}. Der positive Nebeneffekt bei diesem Vorgehen ist, dass eine minimale Wandstärke prozessseitig durch die Wahl der Parameter der Belichtungsstrategie eingebracht wird und dementsprechend ohne die Einbringung einer minimalen Längenskala auskommt. Diese Methode erübrigt daher eine Erweiterung der Zielfunktion oder das Hinzufügen von Nebenbedingungen, siehe Kapitel 6.

Entwicklung eines Ansatzes zur Vermeidung von nicht selbststützenden Kanälen in Strömungsoptimierungen:

Ab einem kritischen Überhangwinkel β_{krit} lassen sich Konstruktionen nicht ohne Stützstrukturen additiv fertigen. Neben der Vermeidung des Absinkens des Schmelzbades in darunter liegendes Pulver ermöglichen sie den Transport von Prozesswärme in die Bauplattform, um Wärmestau und thermischen Spannungen vorzubeugen. Die Notwendigkeit von Stützstrukturen muss auch in Bohrungen und Kanälen berücksichtigt werden. Dort tritt das Problem auf, dass die Stützstrukturen nach dem Prozess nur schwer zugänglich, beziehungsweise überhaupt nicht erreichbar sind und daher das Entfernen von Stützstrukturen unverhältnismäßig kompliziert wird. Aufgrund ihrer gerundeten Form sind Kanäle jedoch bis zu gewissen Durchmessern selbststützend.

Auf Basis dieser Tatsache wurde in der vorliegenden Arbeit eine Formulierung entwickelt, welche Kanäle, die einen kritischen Durchmesser überschreiten und somit Stützstrukturen benötigen, in kleinere Kanäle aufteilt. Dies geschieht mit Hilfe einer integralen Nebenbedingung in der Optimierung, welche auf kritische Bereiche im Kanalsystem angewandt wird. Wie in Kapitel 7 dargestellt, konnten auf diese Weise kritische Kanalbereiche in kleinere Kanäle aufgeteilt werden. Dies ermöglicht zudem eine neue Methodik in der Datenvorbereitung und dem Setzen von externen Stützstrukturen.

Ein Problem des *Split-Channel*-Ansatzes, welches in der vorliegenden Arbeit nicht untersucht wurde, ist die automatische Identifikation von kritischen Überhangbereichen. Erst eine vollständige Automatisierung des Prozesses ermöglicht eine möglichst wirtschaftliche Anwendung des Ansatzes. Es existieren jedoch zahlreiche Ansätze in der Literatur, welche eine Lösung dieser Problematik ermöglichen. Unter dem Begriff *Sceletonization* finden sich zahlreiche Methoden, welche sich zur Identifikation der Kanal-Mittellinien eignen. In Verbindung mit einer einfachen Entfernungsberechnung zur Kanalwand lassen sich Bereiche mit kritischen Kanaldurchmessern auffinden und der *Split-Channel*-Ansatz dort anwenden.

Wirtschaftlichkeitsanalyse:

Durch die Kombination von Additiver Fertigung und Topologieoptimierung entstehen neue profitable Anwendungen. Insbesondere der Einsatz mehrerer Optimierungen, wie in Kapitel 8, anhand von Steifigkeitsoptimierung zur Gewichtsreduktion im Zusammenspiel mit der Strömungs- und Wärmeleitungsoptimierung zur Kühlkanaloptimierung, gezeigt, ermöglicht es umso größere Potenziale zu erschließen. Es ist jedoch zu berücksichtigen, dass dies meist ebenso mit einem hohen Aufwand in der Rekonstruktion des Bauteils einhergeht. Dieser Aufwand muss demnach im Kontext der Kosteneinsparung über den Lebenszyklus der Komponente betrachtet werden, um die Wirtschaftlichkeit der Anwendung sicherzustellen. Die Verwendung von AM-gerechten Optimierungen stellt daher einen entscheidenden Hebel dar, um die Wirtschaftlichkeit der Anwendung zu maximieren. Ein zusätzliches Potenzial liegt zudem in der Implementierung von Zielbedingungen zur Kosten- und Zeitminimierung in Topologieoptimierungen für die Additive Fertigung, wie in Abschnitt 2.4 beschrieben. Auf diese Weise lässt sich ein noch breiteres Spektrum von Anwendungen identifizieren, welche aus der Kombination von Topologieoptimierung und Additiver Fertigung profitable Anwendungen erzeugen.

Während der Markt für Additive Fertigungsverfahren mit großer Geschwindigkeit wächst, finden sich immer mehr Anwendungen, welche hoch funktionale Bauteilkonstruktionen erfordern. Daher ist davon auszugehen, dass ebenso der Markt für anwendungsspezifische, automatische Optimierungen für Bauteile und Baugruppen stetig an Bedeutung zunehmen wird. Sowohl für die fortschreitende Automatisierung des Konstruktionsprozesses als auch die Erhöhung der Wirtschaftlichkeit von Topologieoptimierungen und deren Anwendung in der Additiven Fertigung nimmt die Implementierung von Fertigungsrestriktionen eine entscheidende Rolle ein. Die Entwicklungen der vorliegenden Arbeit adressieren daher genau dieses Gebiet und konnten Fortschritte in den Bereichen Stoffschlüssigkeit, Vermeidung von geschlossenen Kavitäten, Einhaltung minimaler Längenskalen für Wandstärken und Spaltmaße sowie der Vermeidung von nicht selbststützenden Kanälen erzielen. Zu diesem Zweck wurden neue Nebenbedingungen, integrale Zielbedingungen sowie explizite Algorithmen entwickelt und in Topologieoptimierungen für die verschiedenen Ziele der Wärmeleitungs- und Strömungsoptimierung implementiert. Zudem wurde nach Möglichkeit auf die generelle Formulierung der Ansätze geachtet, um die Übertragbarkeit auf andere Zielfunktionen, wie beispielsweise Steifigkeitsoptimierungen oder gar multiphysikalische Optimierungen sicherzustellen. Die auf diese Weise voranschreitende Schließung und Automatisierung der Prozesskette, von der Topologieoptimierung über die Konstruktion bis hin zur Additiven Fertigung, ermöglicht es große Potentiale für profitable additive Anwendungen zu erschließen.

Literaturverzeichnis

1. Jan-Peer Rudolph. *Cloudbasierte Potentialerschließung in der additiven Fertigung*. Springer, 2018.

2. Christopher Hein. Methodenentwicklung für eine technische und wirtschaftliche Optimierung von additiv gefertigten Werkzeugeinsätzenmit konturnahen Kühlkanälen. Master's thesis, Technische Universität Hamburg, 2019.

3. Directorate-General for Mobility, Transport (European Commission), Directorate-General for Research, and Innovation (European Commission). Flightpath 2050. *EU publications*, 2007.

4. Pariser Übereinkommen. `https://ec.europa.eu/clima/policies/international/negotiations/paris_de#tab-0-0`. Zugriff 27.07.2018.

5. REHAU Unlimited Polymer Solutions. Die Werkstoffinnovation im Flugzeug-Leichtbau. `https://www.rehau.com/de-de/industriekunden/flugzeugbau/leichtbauwerkstoff-luftfahrt`. Zugriff 27.07.2018.

6. Cea Emmelmann, Peter Sander, Jannis Kranz, and Eric Wycisk. Laser additive manufacturing and bionics: redefining lightweight design. *Physics Procedia*, 12:364–368, 2011.

7. David J. Munk, Douglass J. Auld, Grant P. Steven, and Gareth A. Vio. On the benefits of applying topology optimization to structural design of aircraft components. *Structural and Multidisciplinary Optimization*, pages 1–22, 2019.

8. Martin P. Bendsøe. Optimal shape design as a material distribution problem. *Structural optimization*, 1(4):193–202, 1989.

9. Marianne M. Francois, Amy Sun, Wayne E. King, Neil Jon Henson, Damien Tourret, Ccut Allan Bronkhorst, Neil N. Carlson, Christopher Kyle Newman, Terry Scot Haut, Jozsef Bakosi, et al. Modeling of additive manufacturing processes for metals: Challenges and opportunities. *Current Opinion in Solid State and Materials Science*, 21(LA-UR-16-24513), 2017.

10. Audrey Gaymann and Francesco Montomoli. Deep Neural Network and Monte Carlo Tree Search applied to Fluid-Structure Topology Optimization. *Scientific Reports*, 9(1):1–16, 2019.

11. J. K. Watson and K. M. B. Taminger. A decision-support model for selecting additive manufacturing versus subtractive manufacturing based on energy consumption. *Journal of Cleaner Production*, 176:1316–1322, 2018.

12. Shahir Mohd Yusuf, Samuel Cutler, and Nong Gao. The Impact of Metal Additive Manufacturing on the Aerospace Industry. *Metals*, 9(12):1286, 2019.

13. Suraj Rawal. Materials and structures technology insertion into spacecraft systems: Successes and challenges. *Acta Astronautica*, 146:151–160, 2018.

14. Niels Aage. The perfect match: structural optimization and additive manufacturing. *Dimensional Accuracy and Surface Finish in Additive Manufacturing*, 2017.

15. L. Barbieri, F. Calzone, and M. Muzzupappa. Form and Function: Functional Optimization and Additive Manufacturing. In *Advances on Mechanics, Design Engineering and Manufacturing II*, pages 649–658. Springer, 2019.

16. János Plocher and Ajit Panesar. Review on design and structural optimisation in additive manufacturing: Towards next-generation lightweight structures. *Materials & Design*, page 108164, 2019.

17. Ole Sigmund and Joakim Petersson. Numerical instabilities in topology optimization: a survey on procedures dealing with checkerboards, mesh-dependencies and local minima. *Structural optimization*, 16(1):68–75, 1998.

18. Thomas A. Poulsen. A new scheme for imposing a minimum length scale in topology optimization. *International Journal for Numerical Methods in Engineering*, 57:741–760, 2003.

19. James K. Guest, Jean H. Prévost, and T. Belytschko. Achieving minimum length scale in topology optimization using nodal design variables and projection functions. *International journal for numerical methods in engineering*, 61(2):238–254, 2004.

20. D. Brackett, I. Ashcroft, and R. Hague. Topology optimization for additive manufacturing. In *Proceedings of the solid freeform fabrication symposium, Austin, TX*, volume 1, pages 348–362. S, 2011.

© Der/die Herausgeber bzw. der/die Autor(en), exklusiv lizenziert durch
Springer-Verlag GmbH, DE, ein Teil von Springer Nature 2021
F. Lange, *Prozessgerechte Topologieoptimierung für die Additive Fertigung*,
Light Engineering für die Praxis, https://doi.org/10.1007/978-3-662-63133-1

21. Andrew T. Gaynor and James K. Guest. Topology optimization considering overhang constraints: Eliminating sacrificial support material in additive manufacturing through design. *Structural and Multidisciplinary Optimization*, 54(5):1157–1172, 2016.

22. Emiel van de Ven, Can Ayas, Matthijs Langelaar, Robert Maas, and Fred van Keulen. A PDE-based approach to constrain the minimum overhang angle in topology optimization for additive manufacturing. In *World Congress of Structural and Multidisciplinary Optimisation*, pages 1185–1199. Springer, 2017.

23. Shutian Liu, Quhao Li, Wenjiong Chen, Liyong Tong, and Gengdong Cheng. An identification method for enclosed voids restriction in manufacturability design for additive manufacturing structures. *Frontiers of Mechanical Engineering*, 10(2):126–137, 2015.

24. Ming Zhou, Raphael Fleury, Yaw-Kang Shyy, Harold Thomas, and Jeffrey Brennan. Progress in topology optimization with manufacturing constraints. In *9th AIAA/ISSMO Symposium on Multidisciplinary Analysis and Optimization*, page 5614, 2002.

25. Jikai Liu and Yongsheng Ma. A survey of manufacturing oriented topology optimization methods. *Advances in Engineering Software*, 100:161–175, 2016.

26. Nicholas Meisel and Christopher Williams. An investigation of key design for additive manufacturing constraints in multimaterial three-dimensional printing. *Journal of Mechanical Design*, 137(11):111406, 2015.

27. Katharina Bartsch, Fritz Lange, Melanie Gralow, and Claus Emmelmann. Novel approach to optimized support structures in laser beam melting by combining process simulation with topology optimization. *Journal of Laser Applications*, 31(2):022302, 2019.

28. J. Kranz, D. Herzog, and C. Emmelmann. Design guidelines for laser additive manufacturing of lightweight structures in TiAl6V4. *Journal of Laser Applications*, 27(S1):S14001, 2015.

29. Zjenja Doubrovski, Jouke C. Verlinden, and J. M. P. Geraedts. Optimal design for additive manufacturing: opportunities and challenges. In *ASME 2011 International Design Engineering Technical Conferences and Computers and Information in Engineering Conference*, pages 635–646. American Society of Mechanical Engineers, 2011.

30. Fritz Lange, Christopher Hein, Gefei Li, and Claus Emmelmann. Numerical optimization of active heat sinks considering restrictions of selective laser melting. *COMSOL Conference Lausanne*, 2018.

31. VDI. VDI Statusreport Additive Fertigung. 2019.

32. Bernd Klein. *Leichtbau-Konstruktion*. Springer, 2009.

33. Tobias Schmidt. *Potentialbewertung generativer Fertigungsverfahren für Leichtbauteile*. Springer, Berlin, Heidelberg, 2016.

34. A. Iga, S. Nishiwaki, K. Izui, and M. Yoshimura. Topology optimization for thermal conductors considering design-dependent effects, including heat conduction and convection. *International Journal of Heat and Mass Transfer*, 52(11-12):2721–2732, 2009.

35. Katsuyuki Suzuki and Noboru Kikuchi. A homogenization method for shape and topology optimization. *Computer methods in applied mechanics and engineering*, 93(3):291–318, 1991.

36. Alejandro R. Díaaz and Noboru Kikuchi. Solutions to shape and topology eigenvalue optimization problems using a homogenization method. *International Journal for Numerical Methods in Engineering*, 35(7):1487–1502, 1992.

37. Do Kyun Lim, Min Seop Song, Hoon Chae, and Eung Soo Kim. Topology optimization on vortex-type passive fluidic diode for advanced nuclear reactors. *Nuclear Engineering and Technology*, 2019.

38. Iulian Lupea and Anca Florina Stremțan. Topological optimization of an acoustic panel under periodic load by simulation. *Applied Mathematics and Mechanics*, 56(3), 2013.

39. Jeonghoon Yoo and Noboru Kikuchi. Topology optimization in magnetic fields using the homogenization design method. *International Journal for Numerical Methods in Engineering*, 48(10):1463–1479, 2000.

40. Shu Li and S. N. Atluri. The MLPG mixed collocation method for material orientation and topology optimization of anisotropic solids and structures. *Comput. Model. Eng. Sci*, 30(1):37–56, 2008.

41. Mathias Stolpe and Krister Svanberg. An alternative interpolation scheme for minimum compliance topology optimization. *Structural and Multidisciplinary Optimization*, 22(2):116–124, 2001.

42. Yu-Hsin Kuo and Chih-Chun Cheng. Optimal External Support Structure Design in Additive Manufacturing. In *World Congress of Structural and Multidisciplinary Optimisation*, pages 1200–1210. Springer, 2017.

43. D. J. Lohan, E. M. Dede, and J. T. Allison. A study on practical objectives and constraints for heat conduction topology optimization. *Structural and Multidisciplinary Optimization*, pages 1–15, 2019.

44. Cunfu Wang, Xiaoping Qian, William D. Gerstler, and Jeff Shubrooks. Boundary Slope Control in Topology Optimization for Additive Manufacturing: for Self-support and Surface Roughness. *Journal of Manufacturing Science and Engineering*, 141(9):091001, 2019.

45. Allan Gersborg-Hansen, Martin P. Bendsøe, and Ole Sigmund. Topology optimization using the finite volume method. In *6th World Congress on Structural and Multidisciplinary Optimization*. COPPE/UFRJ–Alberto Luis Coimbra Institute, 2005.

46. T. Dbouk. A review about the engineering design of optimal heat transfer systems using topology optimization. *Applied Thermal Engineering*, 112:841–854, 2017.

47. Kristian Ejlebjerg Jensen. Solving 2D/3D Heat Conduction Problems by Combining Topology Optimization and Anisotropic Mesh Adaptation. In *World Congress of Structural and Multidisciplinary Optimisation*, pages 1224–1238. Springer, 2017.

48. Quhao Li, Wenjiong Chen, Shutian Liu, and Liyong Tong. Structural topology optimization considering connectivity constraint. *Structural and Multidisciplinary Optimization*, 54(4):971–984, 2016.

49. Yongcun Zhang, Heting Qiao, and Shutian Liu. *Design of the heat conduction structure based on the topology optimization*. INTECH Open Access Publisher, 2011.

50. Tijs Van Oevelen and Martine Baelmans. Application of topology optimization in a conjugate heat transfer problem. In *OPT-i 2014-1st International Conference on Engineering and Applied Sciences Optimization, Proceedings*, pages 562–577, 2014.

51. EM Lifshitz and LD Landau. Fluid mechanics: Volume 6 (course of theoretical physics), 1987.

52. Nico P. van Dijk, K. Maute, M. Langelaar, and F. Van Keulen. Level-set methods for structural topology optimization: a review. *Structural and Multidisciplinary Optimization*, 48(3):437–472, 2013.

53. Michael Yu Wang, Xiaoming Wang, and Dongming Guo. A level set method for structural topology optimization. *Computer methods in applied mechanics and engineering*, 192(1-2):227–246, 2003.

54. Yi M. Xie and Grant P. Steven. A simple evolutionary procedure for structural optimization. *Computers & structures*, 49(5):885–896, 1993.

55. X. Huang and Y. M. Xie. Convergent and mesh-independent solutions for the bi-directional evolutionary structural optimization method. *Finite Elements in Analysis and Design*, 43(14):1039–1049, 2007.

56. Liang Xia, Qi Xia, Xiaodong Huang, and Yi Min Xie. Bi-directional Evolutionary Structural Optimization on Advanced Structures and Materials: A Comprehensive Review. *Arch Computat Methods Eng*, 25:437–478, 2016.

57. Sharad Rawat and M.-H. Herman Shen. A Novel Topology Optimization Approach using Conditional Deep Learning. *Department of Mechanical and Aerospace Engineering*, 2019.

58. Liang Xue, Jie Liu, Guilin Wen, and Hongxin Wang. An Efficient and High-Resolution Topology Optimization Method Based on Convolutional Neural Networks. *preprint*, 2019.

59. Brent R. Bielefeldt, Ergun Akleman, Gregory W. Reich, Philip S. Beran, and Darren J. Hartl. L-System-Generated Mechanism Topology Optimization Using Graph-Based Interpretation. *Journal of Mechanisms and Robotics*, 11, April 2019.

60. Eisuke Kita and Tetsuya Toyoda. Structural design using cellular automata. *Structural and Multidisciplinary Optimization*, 19(1):64–73, 2000.

61. Sajad Arabnejad Khanoki and Damiano Pasini. Multiscale design and multiobjective optimization of orthopedic hip implants with functionally graded cellular material. *Journal of biomechanical engineering*, 134(3), 2012.

62. R. Rezaie, M. Badrossamay, A. Ghaie, and H. Moosavi. Topology optimization for fused deposition modeling process. *Procedia CIRP*, 6:521–526, 2013.

63. Pu Zhang, Jakub Toman, Yiqi Yu, Emre Biyikli, Mesut Kirca, Markus Chmielus, and Albert C. To. Efficient design-optimization of variable-density hexagonal cellular structure by additive manufacturing: theory and validation. *Journal of Manufacturing Science and Engineering*, 137(2):021004, 2015.

64. Massimo Carraturo, Elisabetta Rocca, Elena Bonetti, Dietmar Hömberg, Alessandro Reali, and Ferdinando Auricchio. Graded-material design based on phase-field and topology optimization. *Computational Mechanics*, pages 1–12, 2019.

65. Yingjun Wang, Hang Xu, and Damiano Pasini. Multiscale isogeometric topology optimization for lattice materials. *Computer Methods in Applied Mechanics and Engineering*, 316:568–585, 2017.

66. Cong Hong Phong Nguyen, Youngdoo Kim, and Young Choi. Design for Additive Manufacturing of Functionally Graded Lattice Structures: A Design Method with Process Induced Anisotropy Consideration. *International Journal of Precision Engineering and Manufacturing-Green Technology*, pages 1–17, 2019.

67. V. A. Popovich, E. V. Borisov, A. A. Popovich, V. Sh. Sufiiarov, D. V. Masaylo, and L. Alzina. Functionally graded Inconel 718 processed by additive manufacturing: Crystallographic texture, anisotropy of microstructure and mechanical properties. *Materials & Design*, 114:441–449, 2017.

68. Alejandro Diaz and Ole Sigmund. Checkerboard patterns in layout optimization. *Structural optimization*, 10(1):40–45, 1995.

69. Chandrashekhar S. Jog and Robert B. Haber. Stability of finite element models for distributed-parameter optimization and topology design. *Computer methods in applied mechanics and engineering*, 130(3-4):203–226, 1996.

70. Joakim Petersson. A finite element analysis of optimal variable thickness sheets. *SIAM journal on numerical analysis*, 36(6):1759–1778, 1999.

71. Martin Philip Bendsøe, Alejandro Díaz, and Noboru Kikuchi. Topology and generalized layout optimization of elastic structures. In *Topology design of structures*, pages 159–205. Springer, 1993.

72. Claes Johnson and Juhani Pitkäranta. Analysis of Some Mixed Finite Element Methods Related to Reduced Integration. *Mathematics of Computation*, 1982.

73. Ole Sigmund. *Design of material structures using topology optimization*. PhD thesis, Technical University of Denmark, 1994.

74. Martin P. Bendsøe and Noboru Kikuchi. Generating optimal topologies in structural design using a homogenization method. *Computer methods in applied mechanics and engineering*, 71(2):197–224, 1988.

75. Joakim Petersson and Ole Sigmund. Slope constrained topology optimization. *International Journal for Numerical Methods in Engineering*, 41:1417–1434, 1998.

76. Frithiof Niordson. Optimal design of elastic plates with a constraint on the slope of the thickness function. *International Journal of Solids and Structures*, 19(2):141–151, 1983.

77. M. G. Mullender, R. Huiskes, and H. Weinans. A physiological approach to the simulation of bone remodeling as a self-organizational control process. *Journal of biomechanics*, 27(11):1389–1394, 1994.

78. J. B. Leblond, G. Perrin, and J. Devaux. Bifurcation Effects in Ductile Metals With Nonlocal Damage. *Journal of Applied Mechanics*, 61(2):236–242, 1994.

79. B. Langfeld, I. Campbell, O. Diegel, R. Huff, and J. Kowen. *Wohlers Report 2019*. Wohlers Associates Inc., Fort Collins, 2019.

80. Olaf Diegel, Axel Nordin, and Damien Motte. *A Practical Guide to Design for Additive Manufacturing*. Springer, 2019.

81. Andreas Gebhardt. *Additive Fertigungsverfahren: Additive Manufacturing und 3D-Drucken für Prototyping-Tooling-Produktion*. Carl Hanser Verlag GmbH Co KG, 2017.

82. Brett P. Conner, Guha P. Manogharan, Ashley N. Martof, Lauren M. Rodomsky, Caitlyn M. Rodomsky, Dakesha C. Jordan, and James W. Limperos. Making sense of 3-D printing:

Creating a map of additive manufacturing products and services. *Additive Manufacturing*, 1:64–76, 2014.

83. Valmik Bhavar, Prakash Kattire, Vinaykumar Patil, Shreyans Khot, Kiran Gujar, and Rajkumar Singh. A review on powder bed fusion technology of metal additive manufacturing. In *4th International Conference and Exhibition on Additive Manufacturing Technologies-AM-2014, September*, pages 1–2, 2014.

84. Roland Berger. Additive Manufacturing - Taking metal 3D printing to the next level. November 2019.

85. Saad A. Khairallah and Andy Anderson. Mesoscopic simulation model of selective laser melting of stainless steel powder. *Journal of Materials Processing Technology*, 214(11):2627–2636, 2014.

86. Tanja Trosch, Johannes Strößner, Rainer Völkl, and Uwe Glatzel. Microstructure and mechanical properties of selective laser melted Inconel 718 compared to forging and casting. *Materials letters*, 164:428–431, 2016.

87. W. Xu, M. Brandt, S. Sun, J. Elambasseril, Q. Liu, K. Latham, K. Xia, and M. Qian. Additive manufacturing of strong and ductile Ti–6Al–4V by selective laser melting via in situ martensite decomposition. *Acta Materialia*, 85:74–84, 2015.

88. Petteri Kokkonen, Leevi Salonen, Jouko Virta, Björn Hemming, Pasi Laukkanen, Mikko Savolainen, Erin Komi, Jukka Junttila, Kimmo Ruusuvuori, Simo Varjus, et al. Design guide for additive manufacturing of metal components by SLM process. *Espoo*, 2016.

89. Guido A. O. Adam and Detmar Zimmer. Design for Additive Manufacturing—Element transitions and aggregated structures. *CIRP Journal of Manufacturing Science and Technology*, 7(1):20–28, 2014.

90. Mary K. Thompson, Giovanni Moroni, Tom Vaneker, Georges Fadel, R. Ian Campbell, Ian Gibson, Alain Bernard, Joachim Schulz, Patricia Graf, Bhrigu Ahuja, et al. Design for Additive Manufacturing: Trends, opportunities, considerations, and constraints. *CIRP annals*, 65(2):737–760, 2016.

91. Michael Bruyneel and Claude Fleury. Composite structures optimization using sequential convex programming. *Advances in Engineering Software*, 33(7-10):697–711, 2002.

92. Kong-Tian Zuo, Li-Ping Chen, Yun-Qing Zhang, and Jingzhou Yang. Manufacturing-and machining-based topology optimization. *The international journal of advanced manufacturing technology*, 27(5-6):531–536, 2006.

93. K. Svanberg. The method of moving asymptotes - a new method for structural optimization. *International journal of numerical methods in engineering*, 24(2):359–373, 1987.

94. Claude Fleury. Sequential convex programming for structural optimization problems. In *Optimization of large structural systems*, pages 531–553. Springer, 1993.

95. VDI-Richtlinie. 3405: Blatt 3–Additive Fertigungsverfahren–Konstruktionsempfehlungen für die Bauteilfertigung mit Laser-Sintern und Laser-Strahlschmelzen, 2015.

96. Eleonora Atzeni and Alessandro Salmi. Study on unsupported overhangs of AlSi10Mg parts processed by Direct Metal Laser Sintering (DMLS). *Journal of Manufacturing Processes*, 20:500–506, 2015.

97. Robert B. Haber, Chandrashekhar S. Jog, and Martin P. Bendsøe. A new approach to variable-topology shape design using a constraint on perimeter. *Structural optimization*, 11(1-2):1–12, 1996.

98. Josephine V. Carstensen and James K. Guest. Projection-based two-phase minimum and maximum length scalecontrol in topology optimization. *Structural and Multidisciplinary Optimization*, 58:1845–1860, 2018.

99. James K. Guest. Topology optimization with multiple phase projection. *Computer Methods in Applied Mechanics and Engineering*, 199(1-4):123–135, 2009.

100. Ole Sigmund. Morphology-based black and white filters for topology optimization. *Structural and Multidisciplinary Optimization*, 33(4-5):401–424, 2007.

101. Yuqing Zhou, Tsuyoshi Nomura, Ercan M. Dede, and Kazuhiro Saitou. Topology optimization for 3D thin–walled structures with adaptive meshing. *arXiv preprint:1908.10825*, 2019.

102. Atsushi Kawamoto, Tadayoshi Matsumori, Shintaro Yamasaki, Tsuyoshi Nomura, Tsuguo Kondoh, and Shinji Nishiwaki. Heaviside projection based topology optimization by a PDE-filtered scalar function. *Struct Multidisc Optim*, 44:19–24, 2011.

103. James K. Guest. Imposing maximum length scale in topology optimization. *Struct Multidisc Optim*, 37:463–473, 2009.

104. Weisheng Zhang, Wenliang Zhong, and Xu Guo. An explicit length scale control approach in SIMP-based topology optimization. *Computer Methods in Applied Mechanics and Engineering*, 282:71–86, 2014.

105. Ben Vandenbroucke and Jean-Pierre Kruth. Selective laser melting of biocompatible metals for rapid manufacturing of medical parts. *Rapid Prototyping Journal*, 13(4):196–203, 2007.

106. Di Wang, Yongqiang Yang, Ziheng Yi, and Xubin Su. Research on the fabricating quality optimization of the overhanging surface in SLM process. *The International Journal of Advanced Manufacturing Technology*, 65(9-12):1471–1484, 2013.

107. Raya Mertens, Stijn Clijsters, Karolien Kempen, and Jean-Pierre Kruth. Optimization of scan strategies in selective laser melting of aluminum parts with downfacing areas. *Journal of Manufacturing Science and Engineering*, 136(6):061012, 2014.

108. Luke Ryan and Il Yong Kim. A multi-objective topology optimization approach for cost and time minimization in additive manufacturing. *International Journal for Numerical Methods in Engineering*, 2018.

109. M. Zhou, N. Pagaldipti, H. L. Thomas, and Y. K. Shyy. An integrated approach to topology, sizing, and shape optimization. *Structural and Multidisciplinary Optimization*, 26(5):308–317, 2004.

110. Uwe Schramm and Ming Zhou. Recent developments in the commercial implementation of topology optimization. In *IUTAM symposium on topological design optimization of structures, machines and materials*, pages 239–248. Springer, 2006.

111. Qi Xia, Tielin Shi, Michael Yu Wang, and Shiyuan Liu. A level set based method for the optimization of cast part. *Structural and Multidisciplinary Optimization*, 41(5):735–747, 2010.

112. J. P. Leiva, B. C. Watson, and I. Kosaka. An analytical bi-directional growth parameterization to obtain castable topology designs. In *10th AIAA/ISSMO symposium on multidisciplinary analysis and optimization*, 2004.

113. Jianan Lu and Yonghua Chen. Manufacturable mechanical part desing with constained topology optimization. *Journal of Engineering Manufacture*, 2012.

114. Lothar Harzheim and Gerhard Graf. Topshape: an attempt to create design proposals including manufacturing constraints. *International Journal of Vehicle Design*, 2002.

115. Lothar Harzheim and Gerhard Graf. A review of optimization of cast parts using topology optimization. Part I. *Structural and Multidisciplinary Optimization*, 30(6):491–497, oct 2005.

116. Lothar Harzheim and Gerhard Graf. A review of optimization of cast parts using topology optimization. Part II. *Structural and Multidisciplinary Optimization*, 31(5):388–399, dec 2005.

117. Matthijs Langelaar. Topology optimization of 3D self-supporting structures for additive manufacturing. *Additive Manufacturing*, 12:60–70, 2016.

118. Matthijs Langelaar. An additive manufacturing filter for topology optimization of print-ready designs. *Structural and multidisciplinary optimization*, 55(3):871–883, 2017.

119. Yu-Hsin Kuo and Chih-Chun Cheng. Self-supporting structure design for additive manufacturing by using a logistic aggregate function. *Structural and Multidisciplinary Optimization*, pages 1–13, 2019.

120. Marcel Hoffarth, Nikolai Gerzen, and Claus Pedersen. ALM overhang constraint in topology optimization for industrial applications. In *Proceedings of the 12th world congress on structural and multidisciplinary optimisation, Braunschweig, Germany*, 2017.

121. C.-J. Thore, H. A. Grundström, B. Torstenfelt, and A. Klarbring. Penalty regulation of overhang in topology optimization for additive manufacturing. *Structural and Multidisciplinary Optimization*, pages 1–9, 2019.

122. Miche Jansen, Geert Lombaert, Moritz Diehl, Boyan S Lazarov, Ole Sigmund, and Mattias Schevenels. Robust topology optimization accounting for misplacement of material. *Structural and Multidisciplinary Optimization*, 47(3):317–333, 2013.

123. Jikai Liu and Albert C. To. Deposition path planning-integrated structural topology optimization for 3D additive manufacturing subject to self-support constraint. *Computer-Aided Design*, 91:27–45, 2017.

124. Xiaoping Qian. Undercut and overhang angle control in topology optimization: A density gradient based integral approach. *International Journal for Numerical Methods in Engineering*, 111(3):247–272, 2017.

125. Matthijs Langelaar. Combined optimization of part topology, support structure layout and build orientation for additive manufacturing. *Structural and Multidisciplinary Optimization*, pages 1–20, 2018.

126. James K. Guest and Mu Zhu. Casting and Milling Restrictions in Topology Optimization via Projection-Based Algorithms. In *38th Design Automation Conference, Parts A and B*, volume 3, pages 913–920. ASME, aug 2012.

127. Li-Feng He, Yu-Yan Chao, and Kenji Suzuki. An algorithm for connected-component labeling, hole labeling and Euler number computing. *Journal of Computer Science and Technology*, 28(3):468–478, 2013.

128. Rafael C Gonzales and Richard E Woods. Digital image processing, 2002.

129. Azriel Rosenfeld. *Digital picture processing*. Academic press, 1976.

130. C.-Y. Lin and L.-S. Chao. Automated image interpretation for integrated topology and shape optimization. *Structural and Multidisciplinary Optimization*, 20(2):125–137, 2000.

131. Georgios Kazakis, Ioannis Kanellopoulos, Stefanos Sotiropoulos, and Nikos D. Lagaros. Topology optimization aided structural design: Interpretation, computational aspects and 3D printing. *Heliyon*, 3(10):e00431, 2017.

132. S. Y. Wang, K. Tai, and M. Y. Wang. An enhanced genetic algorithm for structural topology optimization. *International Journal for Numerical Methods in Engineering*, 65(1):18–44, 2006.

133. G. Costabile, M. Fera, F. Fruggiero, A. Lambiase, and D. Pham. Cost models of additive manufacturing: A literature review. *International Journal of Industrial Engineering Computations*, 8(2):263–283, 2017.

134. Jannis Kranz. *Methodik und Richtlinien für die Konstruktion von laseradditiv gefertigten Leichtbaustrukturen*. Springer, 2017.

135. Markus Möhrle. *Gestaltung von Fabrikstrukturen für die additive Fertigung*. Springer, 2018.

136. Graeme Sabiston and Il Yong Kim. 3D topology optimization for cost and time minimization in additive manufacturing. *Structural and Multidisciplinary Optimization*, pages 1–18, 2019.

137. P. Duysinx and O. Sigmund. New developments in handling stress constraints in optimal material distributions. *7th AIAA/USAF/NASA/ISSMO symposium on multidisciplinary analysis and optimization*, 1998.

138. Erik Holmberg, Bo Torstenfelt, and Anders Klarbring. Stress constrained topology optimization. *Struct Multidisc Optim*, 48:33–47, 2013.

139. Fernando V. Senhora, Oliver Giraldo-Londono, Ivan F. M. Menezes, and Glaucio H. Paulino. Topology optimization with local stress constraints: a stress aggregation-free approach. *Structural and Multidisciplinary Optimization*, 62(4):1639–1668, 2020.

140. Jeroen Verboom. Design and Additive Manufacturing of Manifolds for Navier-Stokes Flow: A Topology Optimisation Approach. 2017.

141. I. M. Gelfand and S. V. Fomin. *Calculus of variations. 1963*. Dover Publications, Inc., 1963.

142. Ercan M. Dede. Multiphysics topology optimization of heat transfer and fluid flow systems. In *proceedings of the COMSOL Users Conference*, 2009.

143. Kevin W. Cassel. *Variational methods with applications in science and engineering*. Cambridge University Press, 2013.

144. John W. Brewer. *Engineering Analysis in Applied Mechanics*. Orient Blackswan, 2002.

145. Temesgen Kindo. Methods for Dealing with Numerical Issues in Constraint Enforcement. https://www.comsol.de/blogs/methods-for-dealing-with-numerical-issues-in-constraint-enforcement/. Zugriff: 28.09.2018.

146. David G. Luenberger. *Introduction to linear and nonlinear programming*. Addison-Wesley publishing company, 1973.

147. Singiresu S. Rao. *Engineering optimization: theory and practice*. John Wiley & Sons, 2009.

148. A. Aremu, I. Ashcroft, R. Hague, R. Wildman, and C. Tuck. Suitability of SIMP and BESO topology optimization algorithms for additive manufacture. In *21st Annual International Solid Freeform Fabrication Symposium (SFF)–An Additive Manufacturing Conference*, pages 679–692, 2010.

149. Benjamin Loubet. Finding a Structure's Best Design with Topology Optimization. COMSOL Blog, September 2015.

150. Laurits Højgaard Olesen, Fridolin Okkels, and Henrik Bruus. A high-level programming-language implementation of topology optimization applied to steady-state Navier–Stokes flow. *International Journal for Numerical Methods in Engineering*, 65(7):975–1001, 2006.

151. Sung Jin Kim and Seok Pil Jang. Effects of the Darcy number, the Prandtl number, and the Reynolds number on local thermal non-equilibrium. *International journal of heat and mass transfer*, 45(19):3885–3896, 2002.

152. E. M. Papoutsis-Kiachagias and K. C. Giannakoglou. Continuous adjoint methods for turbulent flows, applied to shape and topology optimization: Industrial applications. *Archives of Computational Methods in Engineering*, 23(2):255–299, 2016.

153. Adrian Bejan and Allan D. Kraus. *Heat transfer handbook*, volume 1. John Wiley & Sons, 2003.

154. Ercan M. Dede, Shailesh N. Joshi, and Feng Zhou. Topology optimization, additive layer manufacturing, and experimental testing of an air-cooled heat sink. *Journal of Mechanical Design*, 137(11):111403, 2015.

155. Joe Alexandersen, Ole Sigmund, and Niels Aage. Large scale three-dimensional topology optimisation of heat sinks cooled by natural convection. *International Journal of Heat and Mass Transfer*, 100:876–891, 2016.

156. Martin Philip Bendsoe and Ole Sigmund. *Topology optimization: theory, methods, and applications*. Springer Science & Business Media, 2013.

157. Krister Svanberg. A globally convergent version of MMA without linesearch. In *Proceedings of the first world congress of structural and multidisciplinary optimization*, volume 28, pages 9–16. Goslar, Germany, 1995.

158. Ralf Tschullik. *Implementierung struktureller Topologieoptimierung in das schiffbauliche Konstruktionsumfeld*. PhD thesis, Universität Rostock, 2015.

159. Krister Svanberg. MMA and GCMMA, versions September 2007. *Optimization and Systems Theory 104*, 2007.

160. P. Michaleris, D. A. Tortorelli, and C. A. Vidal. Tangent operators and design sensitivity formulations for transient non-linear couoled problems with applications to elastoplasticity. *International Journal for Numerical Methods in Engeneering*, 1994.

161. Comsol Multiphysics, 2020. Zugriff: 10.08.2020.

162. Suna Yan, Fengwen Wang, and Ole Sigmund. On the non-optimality of tree structures for heat conduction. *International Journal of Heat and Mass Transfer*, 122:660–680, 2018.

163. James K. Guest and Jean H. Prévost. Topology optimization of creeping fluid flows using a Darcy–Stokes finite element. *International Journal for Numerical Methods in Engineering*, 66(3):461–484, 2006.

164. Martin P. Bendsøe and Ole Sigmund. Material interpolation schemes in topology optimization. *Archive of applied mechanics*, 69(9-10):635–654, 1999.

165. F. Lange, J. Alrashdan, B. Kriegesmann, and C. Emmelmann. Topology optimization for additive manufacturing: The diconnected voids labeling algorithm with minimum length scale control. *Under Review for Additive Manufacturing*, 2020.

166. Pin Yang, Mark A. Rodriguez, Daniel Keith Stefan, Amy Allen, Donald R. Bradley, Lisa Anne Deibler, and Bradley Howell Jared. Microstructure and Thermal Properties of Selective Laser Melted AlSi10Mg Alloy. Technical report, Sandia National Lab.(SNL-NM), Albuquerque, NM (United States), 2017.

167. F. Lange, A. S. Shinde, K. Bartsch, and C. Emmelmann. A novel approach to avoid internal support structures in fluid flow optimization for additive manufacturing. *NAFEMS World Congress 2019*, 2019.

168. Joakim Petersson. Some convergence results in perimeter-controlled topology optimization. *Computer Methods in Applied Mechanics and Engineering*, 171(1-2):123–140, 1999.

169. Jens Lienig and Hans Brümmer. *Elektronische Gerätetechnik*. Springer, 2014.

170. Marktstudie   Kunststoff-Spritzguss.   `https://www.ceresana.com/` `upload/Marktstudien/brochueren/Ceresana_Broschuere_Marktstudie_` `Kunststoff-Spritzguss.pdf`, 2016. Zugriff 05.08.2020.

171. Plastics – the Facts 2016. `https://www.plasticseurope.org/application/files/` `4315/1310/4805/plastic-the-fact-2016.pdf`. Zugriff: 05.08.2020.

172. Friedrich Johannaber and Walter Michaeli. *Handbuch Spritzgießen*. Hanser, 2014.

173. Jay Shoemaker. *Moldflow Design Guide: A Resource for Plastics Engineers*. Hanser, band 10 edition, 2006.

174. Satoshi Kitayama, Hiroyasu Miyakawa, Masahiro Takano, and Shuji Aiba. Multi-objective optimization of injection molding process parameters for short cycle time and warpage reduction using conformal cooling channel. *The International Journal of Advanced Manufacturing Technology*, 88(5-8):1735–1744, 2017.

175. Heidi Piili, Ari Happonen, Tapio Väistö, Vijaikrishnan Venkataramanan, Jouni Partanen, and Antti Salminen. Cost estimation of laser additive manufacturing of stainless steel. *Physics Procedia*, 78:388–396, 2015.

176. Holm Altenbach. *Holzmann/Meyer/Schumpich Technische Mechanik Festigkeitslehre. 12., verbesserte und erweiterte Auflage*. Wiesbaden Springer Vieweg, 2016.

177. Uddeholm AM Corax, 2017. Zugriff: 10.08.2020.

178. Maike Grund. *Implementierung von schichtadditiven Fertigungsverfahren: mit Fallbeispielen aus der Luftfahrtindustrie und Medizintechnik*. Springer-Verlag, 2015.

179. Thomas Kresser. Stundensatz selbstständiger Ingenieure und IT-Freelancer, 2019. Zugriff:11.08.2020.

Anhang A
Appendix

A.1 Matlab Code des DVL-Algorithmus

A.1.1 voids.m

```matlab
function [obj]= voids(x,y,rho_in,threshold,L,NoEle)
% This function handles the data transfer between COMSOL
% and the DVL algorithm
%----------------------------------------------------------------
% x:         evaluation points x position
% y:         evaluation points y position
% rho_in:    evaluation points densities
% threshold: user-defined threshold density
% L:         user-defined minimum voids length-scale
% NoEle:     number of elements in the mesh
%----------------------------------------------------------------

% Working directory
cd C:\Users\frilan\MatlabCode

% returned objective function initialization
obj=0*rho_in;

% evalauation points data matrix initialization
XYrho=[];

% Number of evaluation points
TargetNoPoints=NoEle;

% Number of points already passed initialization
NoPoints=0;

% Check if all the evaluation points have been passed
while NoPoints<TargetNoPoints

        % for the first function call, the XYrho.mat file is created
        if exist("XYrho.mat",'file')~=2
                XYrho=[x  y   rho_in];
                save("XYrho","XYrho",'-v6')
                obj=0*rho_in;
        else
                % if the file already exists -> read it and append new values
                load("XYrho.mat");
                XYrho=unique([XYrho; x y rho_in],'rows');

                % saves XYrho matrix in a new file for next callback
                save("XYrho.mat",'XYrho','-v6');
                obj=0*rho_in;

                % update the number of points already saved
                NoPoints=length(unique(XYrho,'rows'));

                % if all points have been passed
                %(0.98 is a bug fix, can be adjusted/removed in some models)
        end

        if NoPoints>=TargetNoPoints
                delete('XYrho.mat')
```

© Der/die Herausgeber bzw. der/die Autor(en), exklusiv lizenziert durch
Springer-Verlag GmbH, DE, ein Teil von Springer Nature 2021
F. Lange, *Prozessgerechte Topologieoptimierung für die Additive Fertigung*,
Light Engineering für die Praxis, https://doi.org/10.1007/978-3-662-63133-1

```
55                    % save the XYZrho matrix in final.mat file
56                    save('final.mat','XYrho','-v6');
57
58                    % load the mesh data
59                    load(C:\Users\frilan\MatlabCode\MeshData.mat')
60
61                    % interpolate the nodal density values from XYrho
62                    rho = scatteredInterpolant(XYrho(:,1),XYrho(:,2),XYrho(:,3),'
                         nearest');
63                    rho_nodal=rho(coord(1,:)',coord(2,:)');
64
65                    % call the DVL algorithm function
66                    [label_CCL,label_L]=connected_components(coord,connectivity,
                         rho_nodal,threshold,L);
67
68                    % calculating the gradient with 0.01 step
69                    [label_CCL_f,label_L_f]=connected_components(coord,connectivity
                         ,rho_nodal+0.01,threshold,L);
70                    [label_CCL_b,label_L_b]=connected_components(coord,connectivity
                         ,rho_nodal-0.01,threshold,L);
71
72                    d_label=((logical(label_CCL_f>1)+label_L_f)-(logical(
                         label_CCL_b>1)+label_L_b))/0.02;
73
74                    % saving the gradient field
75                    dv = scatteredInterpolant(coord(1,:)',coord(2,:)',d_label(:),"
                         nearest");
76                    save("dv.mat","dv","-v6");
77
78                    % final objective values
79                    % multiplied by 6 (evaluation points per node)
80                    voids=length(label_CCL(label_CCL>1))+sum(label_L);
81                    obj=[voids; zeros(length(rho_in)-1,1)]
82          end
83                    return
84    end
```

A.1.2 connectedComponents.m

```
1    function [label,label3]= connected_components(coord,connectivity,rho_nodal,
         threshold,L)
2    % The Connected Components Labeling algorithm for 2D FEM meshes
3    %-----------------------------------------------------------------
4    % coord:            nodal coordinates matrix
5    % connectivity:     mesh connectivity matrix
6    % rho_nodal:        nodal density values
7    % thresohld:        threshold density vector
8    % L:                minimum void feature size
9    %-----------------------------------------------------------------
10   % initializaiton
11   Vccl=0.3;
12   L=max(max(L));
13   nn=max(max(connectivity));
14   threshold=max(max(threshold));
15   label=zeros(1,nn);              % connected void features label
16   label2=zeros(1,nn);            % perimeter label
17   label3=zeros(1,nn);            % voids length-scale label
18
19   currentlabel=0;
20
21   % thresholding
22   rho_nodal=imbinarize(rho_nodal,threshold);
```

```matlab
23
24    % label zero boundary nodes with 1
25    k1=alphaShape(coord(1,:)',coord(2,:)',0.1);
26    b1=boundaryFacets(k1);
27    boundary_nodes=unique(b1);
28    label(intersect(boundary_nodes,find(rho_nodal==0)))=1;
29
30    % loop over mesh nodes
31    for i=1:nn
32            % nodes neighboring node i
33            conn_elem=connectivity(:,any(connectivity==i));
34            neighbors=unique(conn_elem);
35            % remove self-neighboring
36            neighbors(neighbors == i) = [];
37
38            % solid nodes labeling
39            if rho_nodal(i)==1
40                    label(i)=0;
41                    % label perimeter nodes
42                    if any(rho_nodal(neighbors)==0)
43                            label2(i)=1;
44                    end
45                    continue
46            end
47
48            % void nodes labeling
49            if rho_nodal(i)==0
50                    % labels nodes connected to unlabeled nodes
51                    if all(label(neighbors)==0)
52                            currentlabel= currentlabel+1;
53                            label(i)=currentlabel;
54                    else
55                            % labels nodes connected to already labeled nodes
56                            label(i)=min(nonzeros(label(neighbors)));
57                            if max(label(neighbors))>1
58                                    % equivelancy list
59                                    equals=unique(nonzeros(label(neighbors)));
60                                    for k=2:length(equals)
61                                            label(label==equals(k))=equals(1);
62                                    end
63                            end
64                    end
65            end
66    end
67
68    % renumber isolated nodes labels
69    labels=unique(label);
70    if length(labels)>2
71            for j=2:length(labels)
72                    label(label==labels(j))=j-1;
73            end
74    end
75
76    % voids length-scale labeling
77    perimeter=find(label2==1);
78    for j=1:length(perimeter)
79            current_node=perimeter(j);
80
81            % neighborsL within a cricle with radius L
82            % added a tolerance of 0.25 to increase the radius
83            neighborsL=find(sqrt((coord(1,:)-coord(1,current_node)).^2+(coord(2,:)-
                coord(2,current_node)).^2)<L*1.25);
84
85            % connectivity within the test circle
86            conn_elem2=[];
87            for k=1:length(neighborsL)
88                    current_node2=neighborsL(k);
```

```
89                neighbors2=connectivity(:,any(connectivity==current_node2));
90                neighbors2=unique(neighbors2);
91                neighbors2(neighbors2==current_node)=[];
92                neighbors2=neighbors2(ismember(neighbors2,neighborsL));
93                neighbors3=[current_node2*ones(1,length(neighbors2));neighbors2
                      '];
94                conn_elem2=[conn_elem2,neighbors3];
95            end
96            conn_elem2=unique(conn_elem2','rows')';
97            conn_rho=rho_nodal(conn_elem2);
98
99            % added weights to perfer solid paths with voids paths (relaxation)
100           weights=double(conn_rho(1,:)&conn_rho(2,:));
101           weights(weights==0)=1.5;
102           G=graph(conn_elem2(1,:),conn_elem2(2,:),weights);
103
104           % perimeter nodes within the test circle
105           perimeterL=intersect(perimeter,neighborsL);
106           for l=1:length(perimeterL)
107                Shortest_path=shortestpath(G,current_node,perimeterL(l));
108                if Shortest_path==current_node
109                    continue
110
111                % if the shortest path has perimeter nodes on both ends and
112                % void elements in-betwen then penalize the void elements
113                elseif unique(rho_nodal(Shortest_path(2:end-1)))==0
114                    shortest_distance=norm(coord(:,Shortest_path(end))-
                          coord(:,Shortest_path(1)));
115                    if shortest_distance<L
116                        normalized_distance=shortest_distance/L;
117                        label3(Shortest_path(2:end-1))=1-(Vccl*
                              normalized_distance)/(Vccl+(1-
                              normalized_distance));
118                    end
119                end
120            end
121    end
```

A.1.3 GetMeshData.m

```
1    %
2    %run after importing model into matlab
3    %
4    %---------------------------------------
5    [meshstats,meshdata] = mphmeshstats(model,'mesh1');
6    coord=meshdata.vertex;
7    connectivity=meshdata.elem{1, 2}+1;
8    save('MeshData.mat','connectivity','coord');
```

A.1.4 dVoids.m

```
1    function [d_obj]= d_voids(x,y)
2
3    % Working directory
4    cd C:\Users\frilan\MatlabCode
5    load("dv.mat");
```

```
6  d_obj=dv(x,y);
```

A.2 Gedankenprotokolle

A.2.1 Aufwandsabschätzung, 10.08.2020, 14:45 Uhr

Thema: Abschätzung des Aufwandes von Topologieoptimierung und Re-Design für die Additive Fertigung
  Name: Yanik Senkel
  Institution: Fraunhofer-Einrichtung für Additive Produktionstechnologien IAPT
  Funktion: AM-Experte und Konstrukteur
  Beginn und Dauer des Gesprächs: 14:45 Uhr, 20 min
  Gesprächsinhalt: Abschätzung des Aufwandes der Vorbereitung und Durchführung von Topologieoptimierung in Bezug auf ein gegebenes Beispiel: Geometrieaufbereitung ist das Aufwendigste: Fehlerhafte STL-Dateien; Festlegen von Design-Space und Non-Design-Spaces, Entfernen unnötiger Features, Klären von Randbedingungen: z.B. Wandstärken zu Kühlkanälen etc.

Für eine industriell einzusetzende Lösung, bei der das Maximum aus der Topologieoptimierung in das Re-Design überführt werden soll, ist der Aufwand sehr hoch. Handling der Datenformate, glätten der Oberflächen, Berücksichtigung von Überhängen, Kavitäten bei unintuitiven Designs.

A.2.2 Parameterabschätzung, 10.08.2020, 15:15 Uhr

Thema: Abschätzung der Fertigungsparameter für additiv verarbeitete Werkzeugstähle
  Name: Philipp Kohlwes
  Institution: Fraunhofer-Einrichtung für Additive Produktionstechnologien IAPT
  Funktion: AM-Werkstoff-Experte
  Beginn und Dauer des Gesprächs: 15:15 Uhr, 20 min
  Gesprächsinhalt: Verarbeitbare Werkzeugstähle, sowie Minimal- und Maximalwerte möglicher Prozessparameter: Scangeschwindigkeit $\approx 800\,\mathrm{mm\,s^{-1}}$; Schichtstärken von 15, eher 30 bis 45 µm, maximal 60 µm möglich; Hatchdistance $100 - 110\,\mu m$, EOS Homepage gibt Schätzungen für Aufbauraten verschiedener Stähle.